Patchwork machine

Patchwork machine

Jocelyne LE ROY et Marie-Anne SUZANNE

LE TEMPS APPRIVOISÉ
7, rue Abel-Hovelacque
75013 Paris

Les auteurs

Venues d'horizons différents, Jocelyne Le Roy et Marie-Anne Suzanne se sont connues lors d'un séjour aux États-Unis. Rapprochées par leur passion commune pour les travaux d'aiguilles en tout genre et leur même curiosité pour les traditions locales, elles s'initièrent aux cent une manières d'assembler les morceaux de tissu en société.

C'est donc sur la terre de Nouvelle-Angleterre, qui vit naître aux siècles derniers la tradition des « *quilting bees* » et fournit à la postérité nombre de chefs-d'œuvre de l'art souvent anonyme du patchwork, qu'elles se perfectionnèrent au sein du Gerry's International Group et du First Duchess Quilters club.

Revenues en France chacune de son côté avec cette nouvelle corde à leur arc, elles poursuivirent leurs progrès, jusqu'à ce que le hasard les fît habiter à deux cents mètres l'une de l'autre dans la banlieue montpelliéraine. Ainsi naquit l'**Atelier de la Fontaine et du Moulin** dans le cadre duquel elles initient de nouveaux adeptes à leur passion contagieuse, essayant sans préjugés de lever la barrière « temps », que constitue parfois la longueur d'un travail purement manuel, adaptant pour ceux qui le souhaitent, les traditions ancestrales aux techniques modernes de la machine à coudre.

C'est de plusieurs années d'enseignement du patchwork qu'est né le livre que voici. Il se veut pratique et concret et s'adresse à ceux pour qui la curiosité n'en reste pas au « voir », mais veut se poursuivre dans le « faire ».

ATELIER
DE LA FONTAINE
ET DU MOULIN

Dépôt légal : mai 1994
Imprimé en Italie par G. Canale & C. S.p.A., Borgaro T.se, Turin

ISBN 2-283-58139-7

SOMMAIRE

INTRODUCTION

Depuis plusieurs années, à l'**Atelier de la Fontaine et du Moulin**, nous avons expérimenté différentes techniques d'assemblage à la machine. Nous nous sommes également employées à les expliciter afin d'aider nos amies quilteuses[1] qui désiraient s'initier à cette approche du patchwork. De cet effort de formalisation est né cet ouvrage. Il expose, en les illustrant à partir de réalisations, les principales méthodes que nous utilisons.

Il s'agit là de « patchwork piécé », c'est-à-dire de l'assemblage de tissus découpés en formes géométriques, ici rectilignes, telles que les carrés, rectangles, bandes, triangles et losanges.

Ce livre s'adresse tout particulièrement à celles, et peut-être aussi à ceux, qui non seulement trouvent fastidieux la préparation des gabarits et le découpage de centaines de petites pièces de tissu, mais encore sont impatientes d'apprécier le résultat de leur premier travail.

Par ailleurs, et sans doute de façon privilégiée, il est destiné aux néophytes comme aux initiées, attirées ou déjà passionnées par le quilting et qui désirent consacrer le meilleur de leur temps à l'embellissement et l'enrichissement de leur patchwork par des motifs de matelassage toujours plus élaborés.

En un mot, ce livre qui vous guide depuis l'achat du tissu jusqu'au montage final, concerne les amateurs qui, même modestement, souhaitent faire œuvre originale tout en réalisant les modèles les plus traditionnels.

Pour en aborder le contenu, une seule nécessité : débuter impérativement par l'étude attentive des quelques pages qui rassemblent dans une première partie les recommandations pratiques essentielles concernant la sélection des tissus, leur préparation (lavage, repassage, découpage, piquage) mais aussi le choix du petit matériel et le réglage de la machine.

Vous pourrez alors, affranchies des principales préoccupations techniques, voyager en toute liberté pour découvrir au gré de vos envies, les différents chapitres qui, correspondant chacun à un projet autonome, constituent le corps de cet ouvrage.

En effet, ces derniers sont totalement indépendants. Pour autant, leur structure reste identique.

Quel que soit le modèle qu'il présente, chaque chapitre vous propose d'abord de suivre image par image le film de la technique du découpage jusqu'à l'assemblage du *top* [2], en passant par la couture des bandes de tissu.

Une proposition de réalisation chiffrée est ensuite développée. Elle n'a pas de valeur de modèle à reproduire, mais représente un exemple qui permet à chacun de décider, sur la base des données fournies, des dimensions, de la forme et des couleurs de son patchwork pour en faire une œuvre personnelle et originale.

Sans doute quelques esprits curieux pourront s'étonner de voir cohabiter dans un ouvrage de patchwork la présentation de modèles (authentiquement) traditionnels avec des propositions relatives à l'emploi privilégié de la machine à coudre.

Souvenons-nous seulement avec Anne Woringer[3] que dès la deuxième moitié du XIXe siècle les Amish n'hésitèrent pas à recourir à cet outil, ce qui leur permettait déjà d'économiser un temps consacré alors aux travaux de la ferme.

Avant de vous laisser découvrir les différents modèles nous voudrions insister sur un dernier point : si le présent ouvrage ne propose que des modèles traditionnels, les techniques qui s'y trouvent développées présentent cependant un caractère généralisable. Ainsi peuvent-elles tout autant se trouver à la base de créations moins classiques, plus contemporaines.

Que ce livre d'un accès facile, ne demandant pas un effort soutenu de lecture, apporte une aide technique appréciable à tous les amateurs de patchwork — qu'ils soient motivés par des réalisations traditionnelles ou déjà attirés à plus long terme par la réalisation d'œuvres plus actuelles, mais dans tous les cas ouverts à l'utilisation de la machine à coudre — tel est bien l'unique vœu de ses auteurs pour lesquelles, la valeur de la pratique, des multiples essais, mais aussi des erreurs, en un mot de l'expérience accumulée par chaque quilteuse ne saurait être sous-estimée.

1. Personne pratiquant le quilt, c'est-à-dire le matelassage des patchworks, que l'on peut prononcer « couilt » car son origine était bien française : « couettes », avant de passer par l'Amérique.
2. Tous les morceaux de tissu assemblés suivant le modèle choisi et formant le dessus du quilt.
3. Anne Woringer, « Les Amish, leur vie, leurs quilts » dans *Les Nouvelles du Patchwork,* Bulletin trimestriel de l'Association française du patchwork, n° 26, septembre 1990, p. 12.

RECOMMANDATIONS PRATIQUES

Chaque projet peut être réalisé indépendamment mais pour tous

la méthode de travail est la même.

On ne peut donc pas aborder un ouvrage sans prendre connaissance du b a ba de la technique.

Essentiel : ne pas sauter d'étapes.

Le tissu

Choix
Prendre du tissu grand teint, et nous avons constaté que, pour cette technique, le coton donne plus de satisfaction. Pour les imprimés, nous conseillons les petits motifs et évitons les rayures.

Lavage
Toujours laver les tissus avant de s'en servir. Au besoin, s'ils ont tendance à déteindre, ajouter dans l'eau de rinçage très chaude un peu de vinaigre ou de gros sel pour fixer la couleur.

Truc : Coupez les quatre coins de vos tissus avant de les laver, ils ne s'effilocheront pas et cela vous permettra, si vous ne les utilisez pas tout de suite, de savoir qu'ils ont déjà été lavés.

Notez que pour les tentures murales, le lavage n'est pas obligatoire.

Repassage
Si le tissu est très fin, l'amidonner légèrement. Le plier en deux, lisière contre lisière, et repasser les deux épaisseurs.

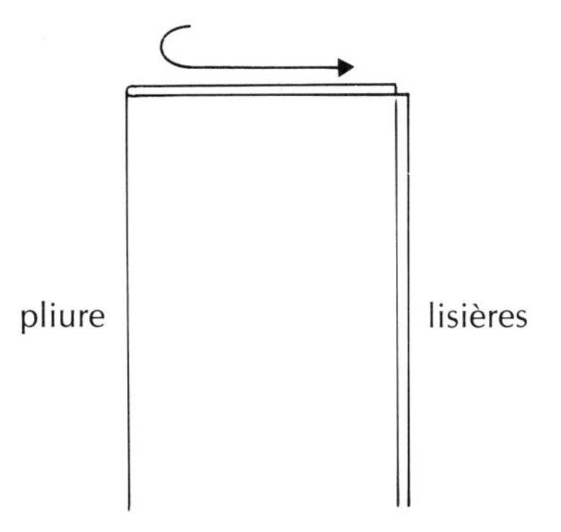

Plier encore en deux pour obtenir quatre épaisseurs et repasser de nouveau.

Matériel

Il vous faudra : une plaque à découper, une règle transparente sur laquelle la perpendiculaire est indiquée, un cutter et une paire de petits ciseaux pointus.

Préparation

Remettre le tissu d'équerre

Poser votre tissu sur la plaque de coupe.
Utiliser une règle transparente sur laquelle la perpendiculaire est indiquée,

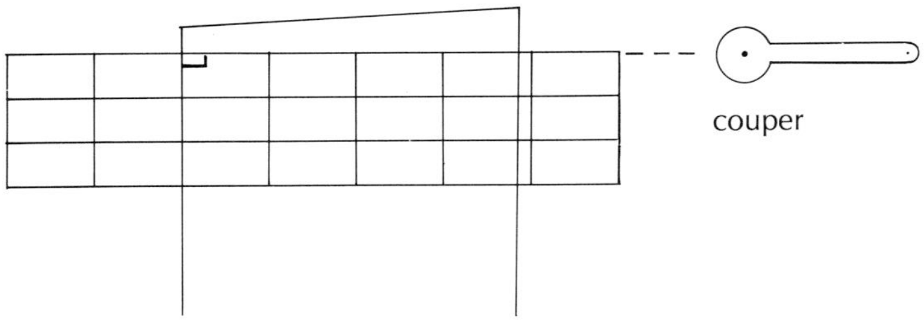

ou, à défaut, une règle et une équerre.

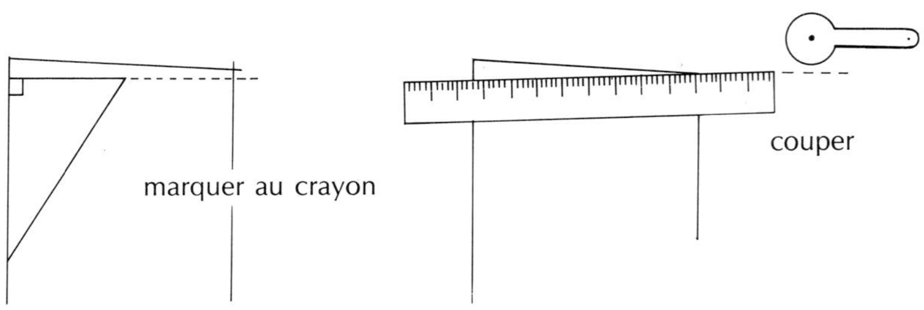

Utilisation du cutter

Maintenir la règle fermement avec votre main gauche et couper le tissu avec le cutter en vous appuyant sur la règle pour le guider. Votre mouvement doit être lent et sûr. Exercer une pression uniforme sur le cutter et ne jamais revenir en arrière. Exercez-vous plusieurs fois à la coupe sur des chutes de tissu avant de commencer votre travail.
Vous pouvez maintenant commencer à découper des bandes.

Découpage

Vous pouvez utiliser soit la règle transparente,

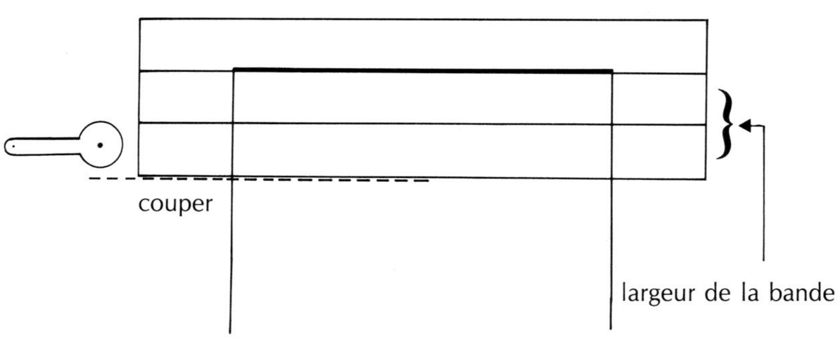

soit une règle dont la largeur est égale à celle des bandes désirées.

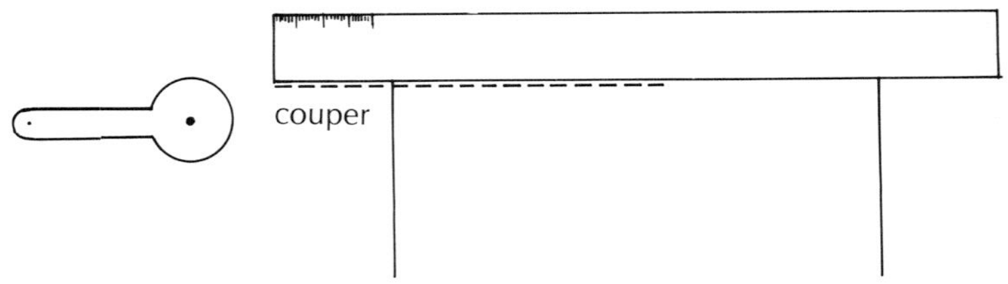

En maintenant fermement la règle, découpez le nombre de bandes voulu. Vérifiez bien la largeur des bandes et rectifiez au besoin.

Retirer les lisières

Ceci est indispensable et se fait facilement à l'aide d'une règle et du cutter.

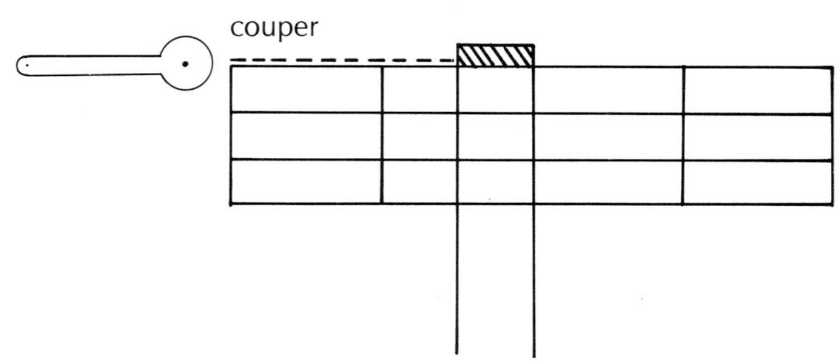

Piquage à la machine

Fil

Utiliser un fil de coton ou un fil mélangé solide et de bonne qualité (comme le fil super-résistant DMC coutures fortes, spécial loisirs/bricolage, Art. 1022), dans une couleur neutre, blanc ou écru, à moins que tous vos tissus ne soient foncés. Pour le matelassage, choisir un fil de couleur assortie au tissu ou au contraire contrasté, suivant l'effet désiré (voir p. 000).

Réglage de la machine

Utiliser un point très fin.

En effet, dans presque toutes les techniques utilisées, les coutures sont recoupées, il n'y a donc aucun moyen d'arrêter le fil en début et en fin de travail.

Réglage de la largeur de la couture

Si vous voulez quilter à la main, prévoyez une couture d'environ 0,5 cm. Sinon, vous pouvez prévoir une couture plus large mais dans tous les cas

ne jamais changer en cours de travail.

Sachez que sur certaines machines, l'aiguille peut se décentrer. Pour vos réglages, utilisez une feuille de papier et mesurez jusqu'à ce que vous ayez la largeur de couture désirée.

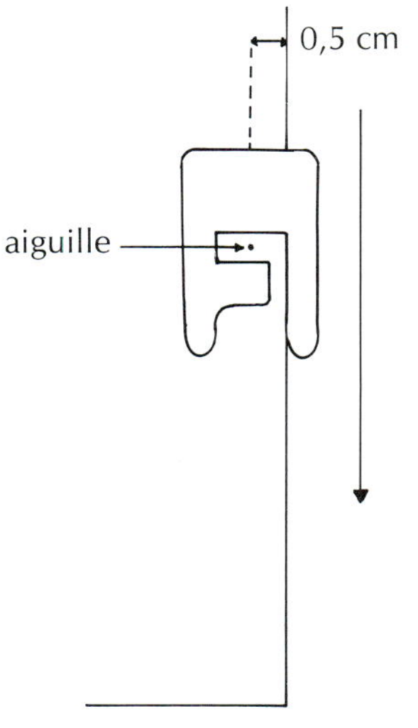

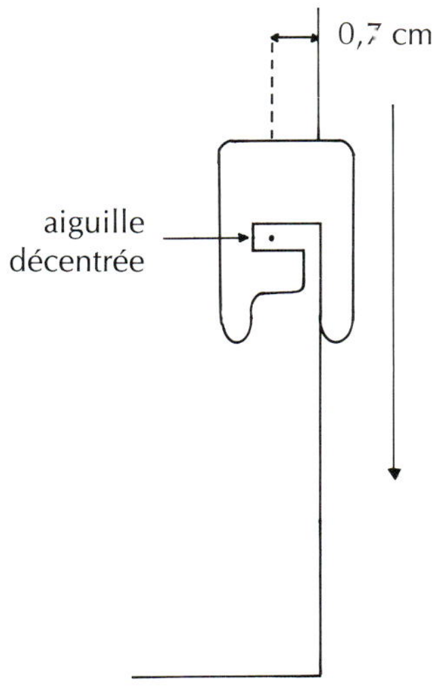

Repassage

Repasser toutes les coutures du même côté.

Ceci est très important, contrairement à la couture traditionnelle. Si les coutures étaient ouvertes, le molleton intercalé pour le matelassage risquerait de passer à travers les coutures au moment du lavage.

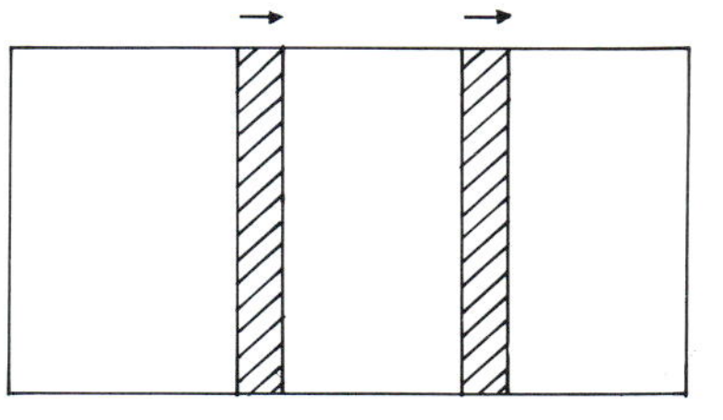

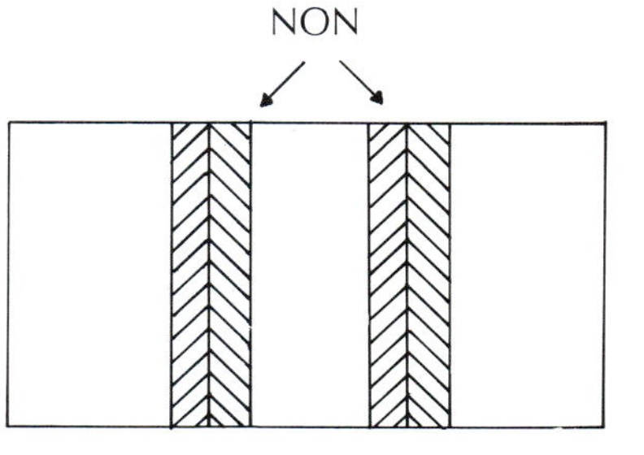

(Explications p. 43 à 50)

ASSEMBLAGE DE **CARRÉS**

CARRÉS ÉGAUX

Montage en diagonale

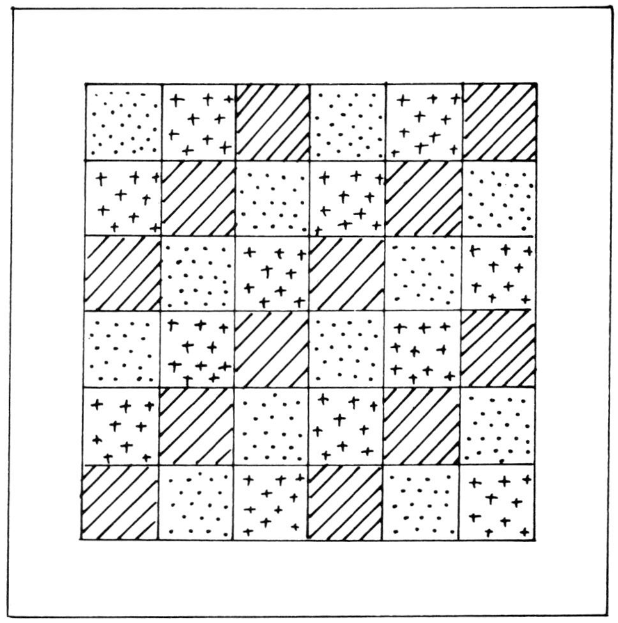

Avec 3 tissus différents

- Bien lire les conseils généraux.
- Faire une grille de travail indiquant l'ordre des tissus et les numéroter : ici 1, 2 et 3.
- Découper des bandes à l'aide de la roulette en s'appuyant contre une règle. Celle-ci doit avoir la largeur suivante :

Côté du carré souhaité + 2 × 0,5 cm pour les coutures.

Vous pouvez aussi utiliser la grande règle transparente décrite dans les recommandations pratiques.

- Assembler les bandes de tissu les unes aux autres sur toute leur longueur dans l'ordre fixé (1, 2, 3, 1, 2, 3).

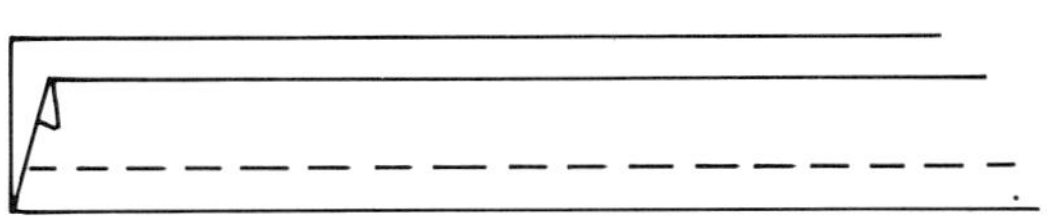

- Repasser toutes les coutures du même côté.
- Découper ensuite transversalement, toujours avec la même règle, 6 bandes successives.

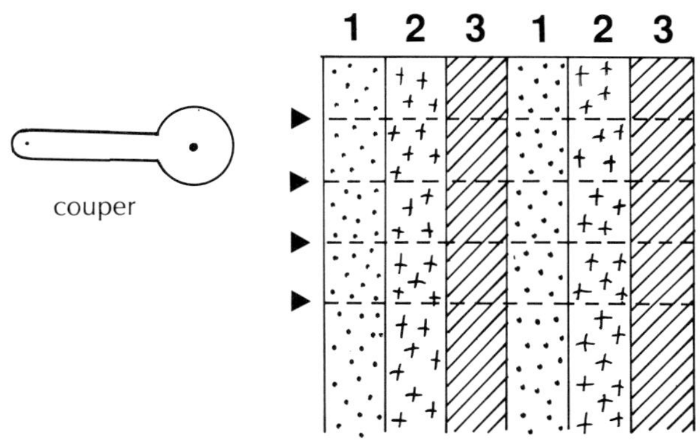

On obtient des bandes de 6 carrés.

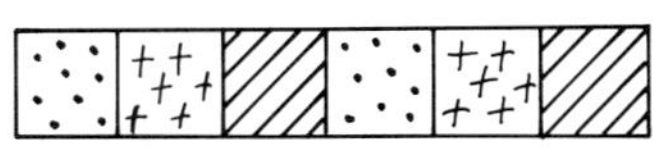

- Vous prenez 4 de ces bandes et vous en cousez les extrémités pour former des anneaux.

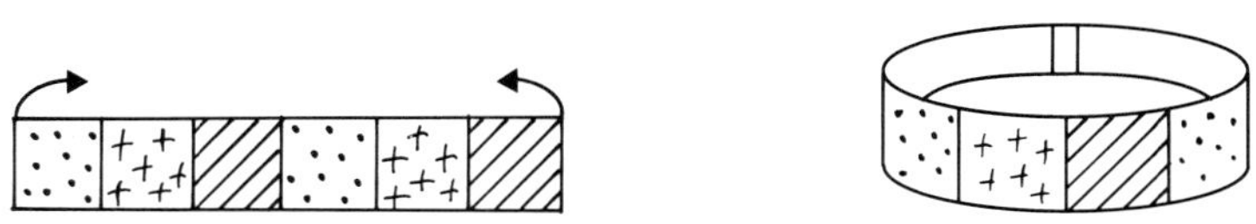

• Prendre une des bandes non cousues : elle sera la première rangée de votre patchwork.

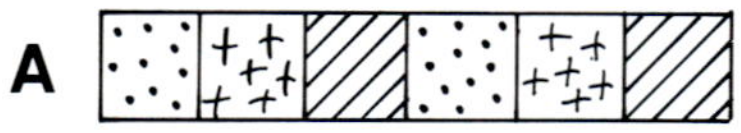

• Découdre ensuite une couture entre deux carrés (entre 1 et 2 pour commencer), en décalant chaque fois d'un carré pour obtenir une disposition en diagonale.

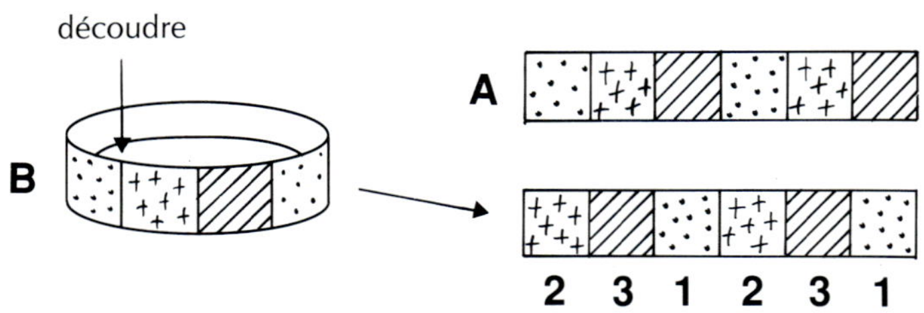

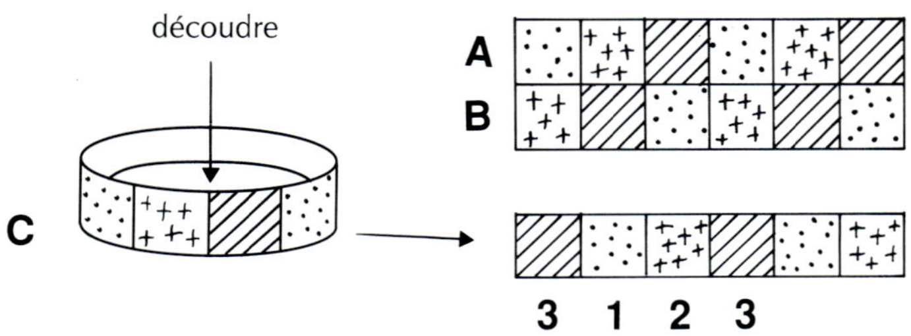

• Assembler et repasser.

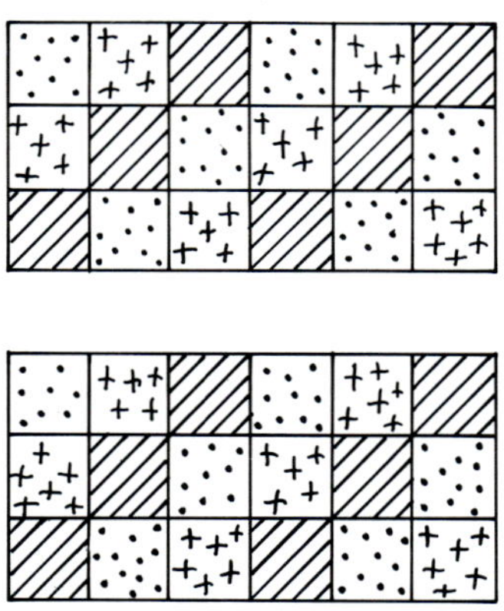

• Montage des bordures : couper les bandes formant les bordures : 2 de la longueur du carré fini, à monter sur 2 côtés opposés, et 2 de la longueur du rectangle ainsi formé, à monter sur les deux autres côtés.

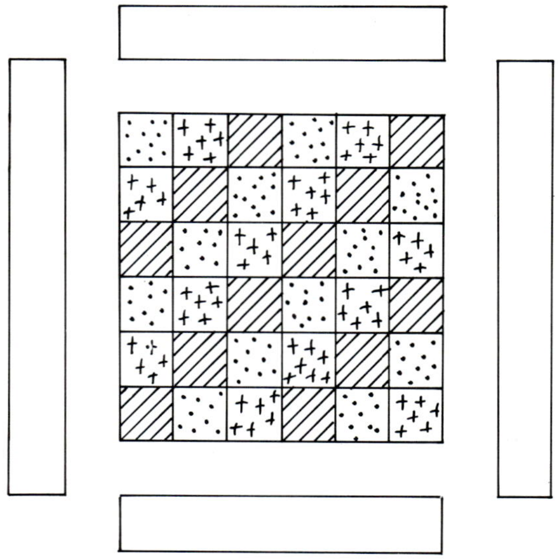

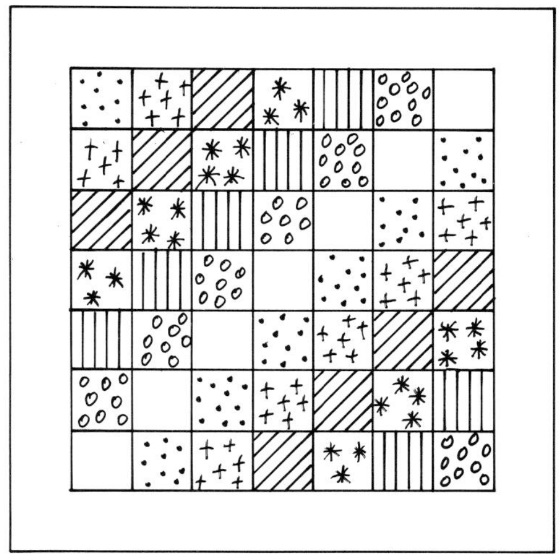

Tous les tissus sont différents

- On a pris ici 7 tissus différents. Procéder comme précédemment en cousant successivement ensemble les bandes dans l'ordre : 1, 2, 3, 4, 5, 6, 7.

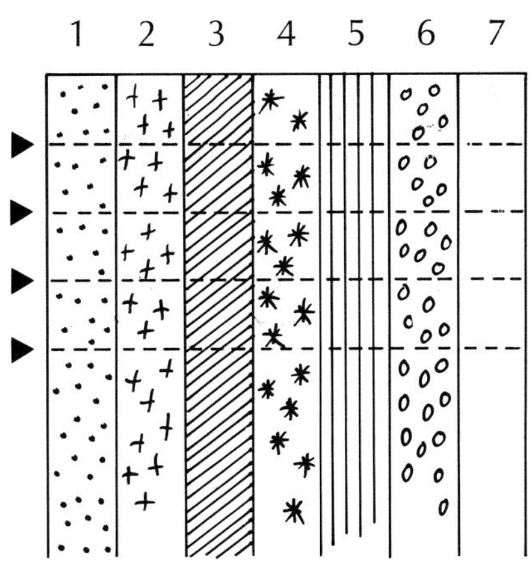

- Couper ensuite transversalement 7 bandes si l'on veut obtenir un carré, plus si l'on veut obtenir un rectangle.

- Coudre ensuite toutes les bandes en anneaux **sauf une,** celle qui formera le début du patchwork.

- Découdre successivement les anneaux entre 2 carrés en décalant chaque fois d'un carré

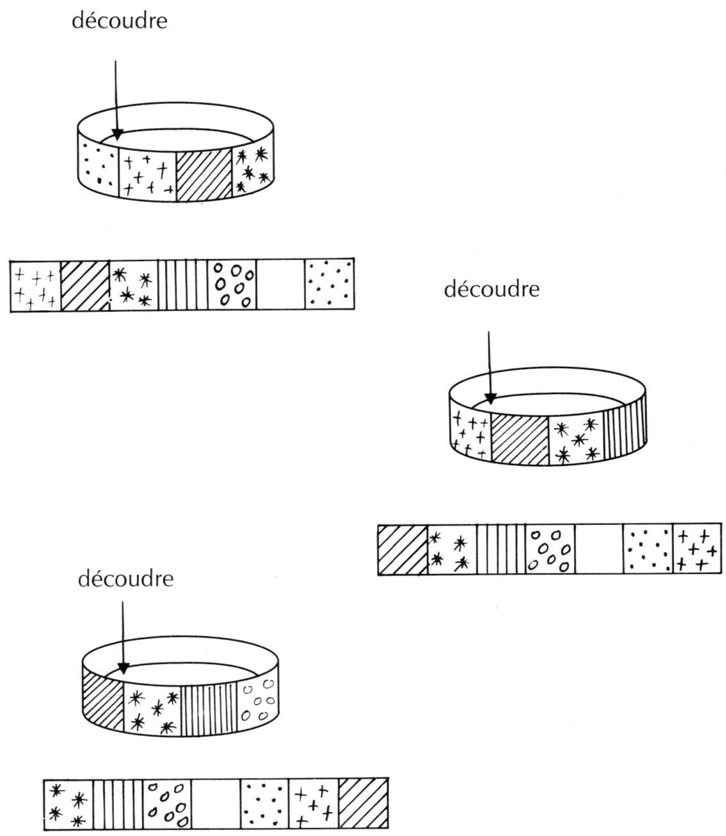

et assembler les bandes ainsi obtenues comme précédemment.

Réalisation

Couverture de berceau

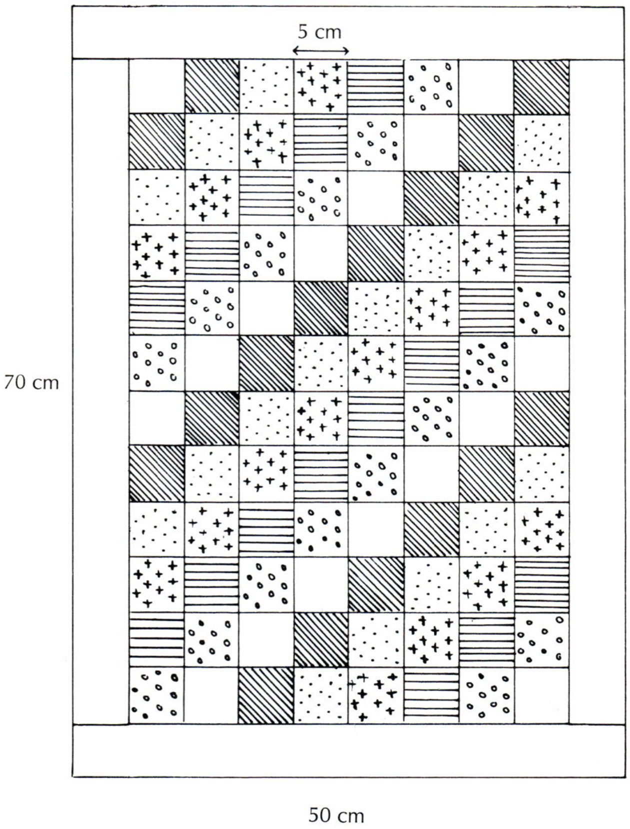

Pour réaliser cet ouvrage, utiliser 6 tissus différents.

- Les carrés cousus mesurent 5 cm de côté et les bandes de bordure ont sensiblement la même largeur.
- Couper 2 bandes de 6 cm de large sur 50 cm de long environ, dans chaque tissu, puis coudre côte à côte ces bandes dans l'ordre désiré :

  1, 2, 3, 4, 5, 6, 1, 2, 3, 4, 5, 6.

- Découper aussi 3 bandes de 7 cm de large sur toute la largeur du tissu pour la bordure.
- Pour l'assemblage de cette couverture, procéder comme il est expliqué dans les pages précédentes.

BLOC DE 4 CARRÉS

Four patch

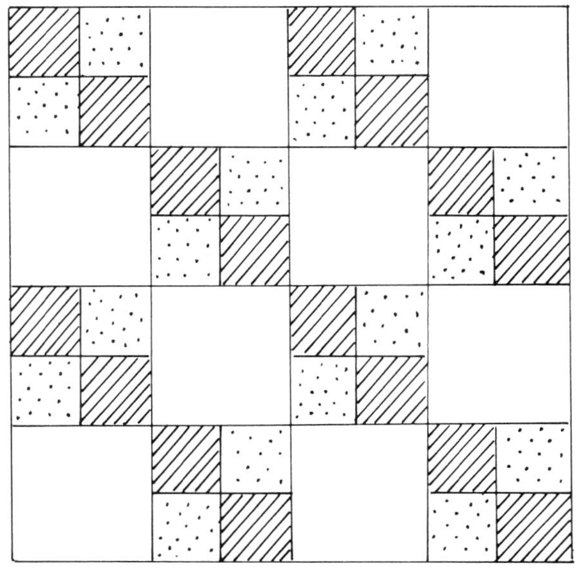

- Découper des bandes de tissu de la largeur des petits carrés en ajoutant 1 cm (2×0,5 cm) pour les coutures.
- Assembler les deux bandes étroites en réglant la machine sur un point très serré.

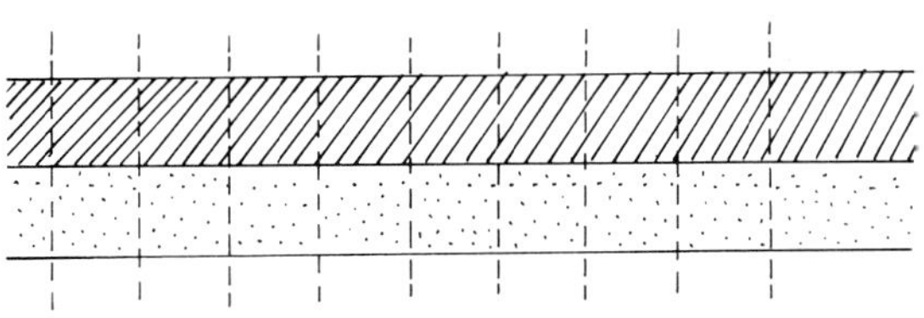

- Découper transversalement la bande obtenue en 16 bandelettes d'une largeur égale à celle d'un carré, augmentée de 1 cm (2×0,5 cm).

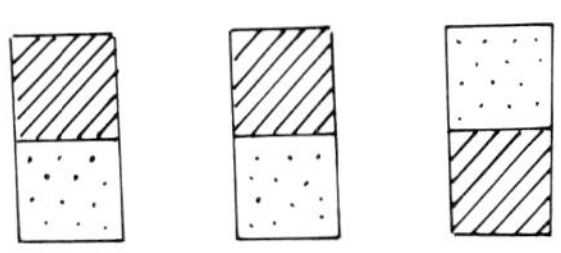

- Coudre ces bandelettes 2 à 2 pour former les carrés bicolores, en ayant soin de placer les bandelettes de façon à ce que les coutures ne soient pas couchées du même côté, et épingler sur la couture avant de coudre.

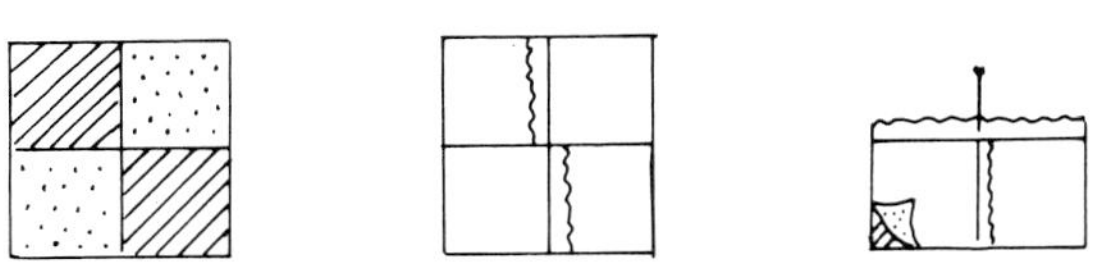

- Couper maintenant des bandes deux fois plus larges que les premières sans oublier d'ajouter 1 cm pour les coutures et couper en 8 carrés.

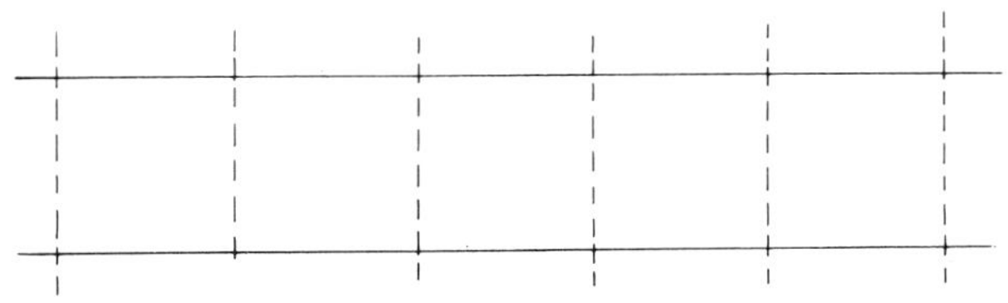

- Assembler ces deux sortes de carrés en bandes en les faisant alterner.

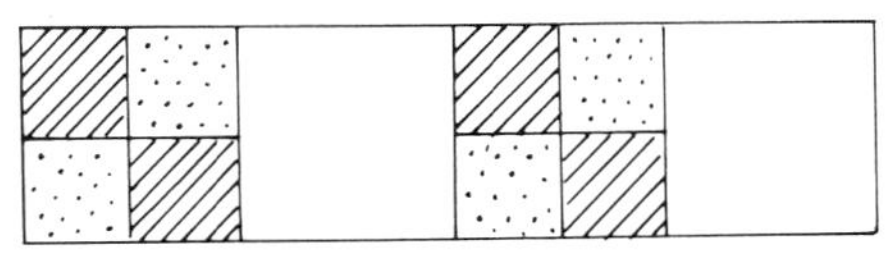

- Enfin, coudre ces bandes entre elles pour réaliser le carré.

Calcul du nombre de bandes nécessaires à cette réalisation

Pour un carré de 36 cm de côté fini, il faut :

- 8 carrés de 9 cm + (0,5 cm×2) = 80 cm, soit une bande de 10 cm de large de tissu en 80 cm.
- 16 carrés de 4,5 cm + (0,5 cm×2), soit une bande de 5,5 cm sur 88 cm de long.
- 16 carrés de 4,5 cm + (0,5 cm×2), soit une bande de 5,5 cm sur 88 cm de long.

Réalisation

Couverture de bébé

A partir de 3 tissus différents, préparer 3 sortes de blocs :

14

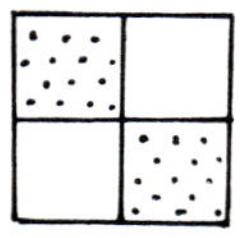

14

16

Après avoir découpé :

2 bandes de 5 cm de large dans chaque tissu de couleur,
4 bandes de tissu blanc de la même largeur,
2 bandes blanches de 9 cm de large,
1 carré de 17 cm de côté.

84 cm

68 cm

Disposer et coudre ces carrés en bandes en suivant le croquis.
Placer la double bordure comme il est indiqué p. 20.

BLOC DE 9 CARRÉS

Nine patch

- Découper des bandes de tissu de la largeur des petits carrés (a), augmentée de 1 cm (0,5 cm × 2) pour les coutures :

3 petites bandes

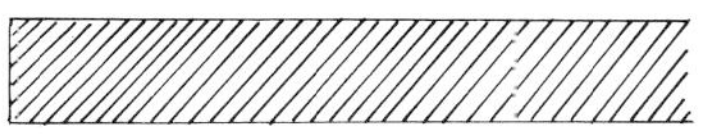

3 petites bandes

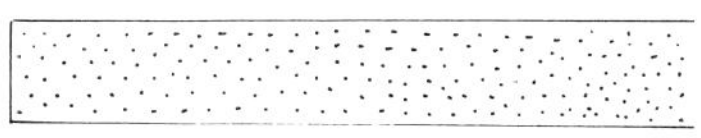

1 ou 2 bandes trois fois plus larges (suivant la largeur du tissu).

3a + (0,5 cm × 2)

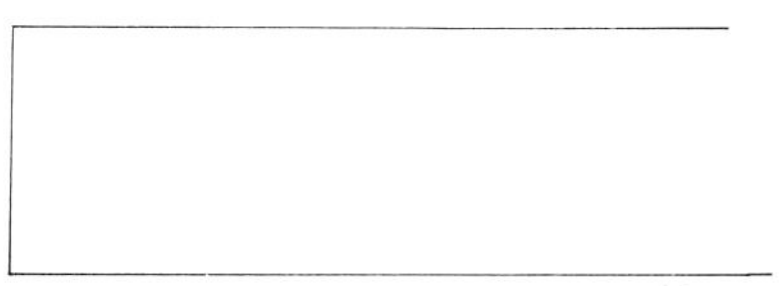

- Assembler les bandes étroites de deux façons.

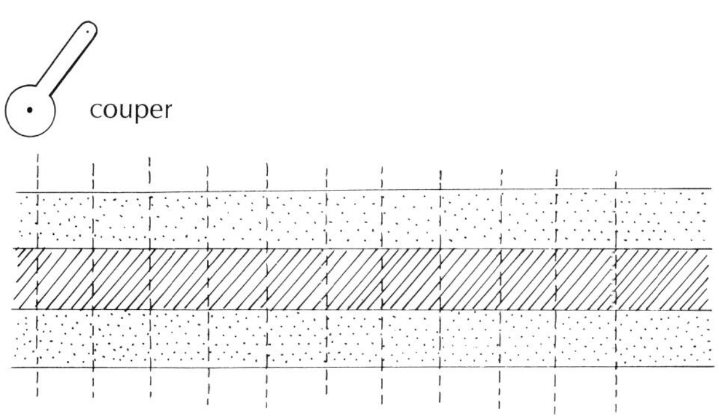

A

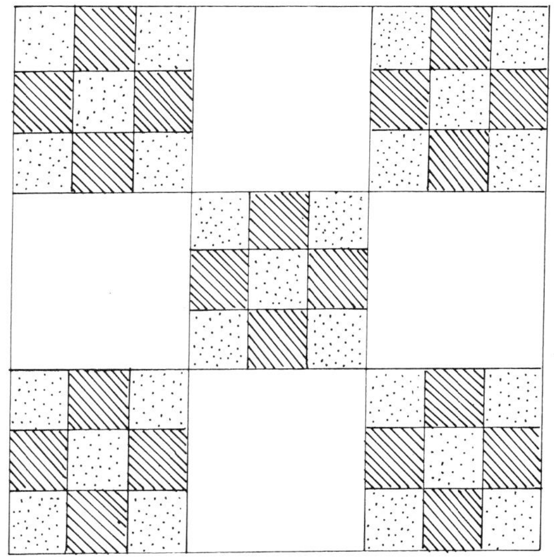

B

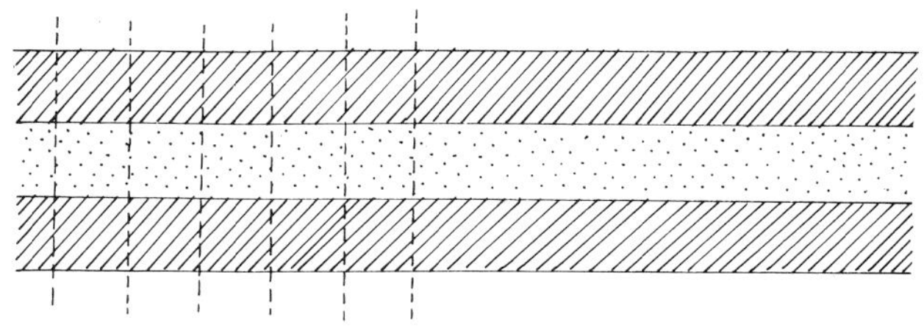

- Découper verticalement en bandelettes comme indiqué sur le schéma. Il faut 10 bandelettes d'une sorte (A) et seulement 5 de l'autre (B). Les bandelettes auront la largeur du carré : a + (0,5 cm × 2).
- Coudre les bandelettes 3 par 3 suivant le schéma pour obtenir les carrés bicolores.

- Découper 4 carrés dans la bande de tissu la plus large.

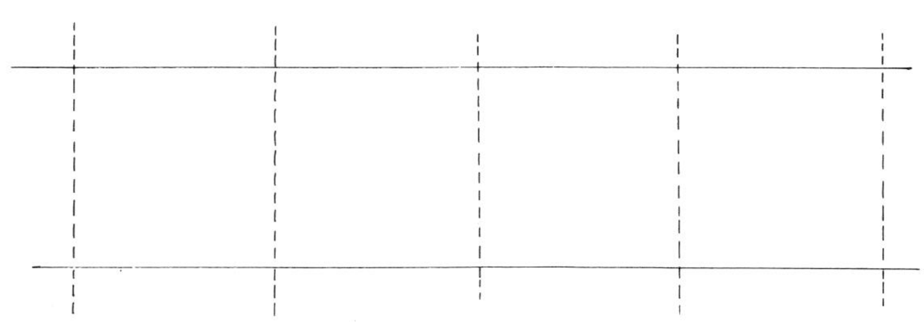

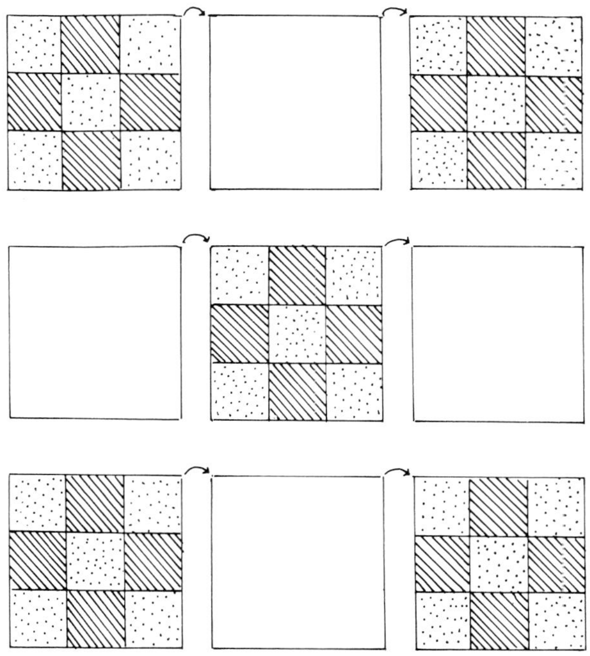

- Coudre les carrés obtenus 3 par 3.
- Pour terminer, réunir les 3 bandes en prenant bien soin de faire coïncider les angles, pour cela placer une épingle à chaque couture.

Remarque : En intervertissant les couleurs, on peut obtenir un effet totalement différent.

Réalisation

On préparera 9 carrés bleus de 12 cm + 1 cm de côté et 16 carrés formés de 9 petits carrés (nine patch).

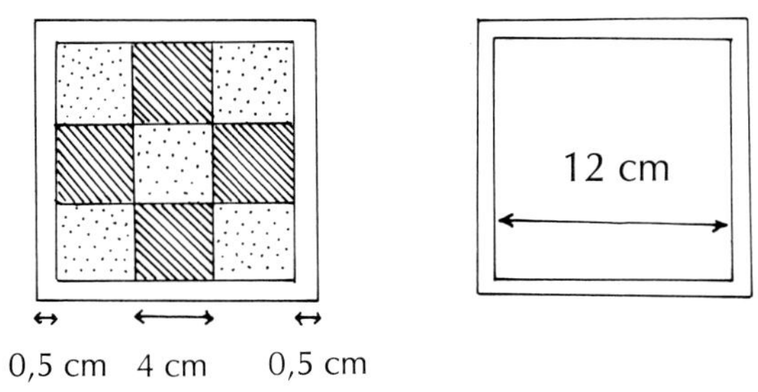

Il faut 50 cm de tissu bleu
50 cm de tissu rose
70 cm de tissu noir
et 1 m de doublure environ.

- Couper 1 ou 2 bandes de tissu bleu de 13 cm de large pour les grands carrés (suivant la largeur du tissu utilisé).
- Couper 5 bandes noires de 5 cm.
  4 bandes roses de 5 cm.

- Former les combinaisons A et B (2 fois plus de A que de B), comme il est indiqué précédemment.
  Découper 32 bandelettes dans la combinaison A et 16 dans la combinaison B. Terminer les nine patch en suivant les explications des pages précédentes.

- Pour un montage en diagonale, il faut en outre découper 12 triangles dans 6 carrés de 14 cm de côté,

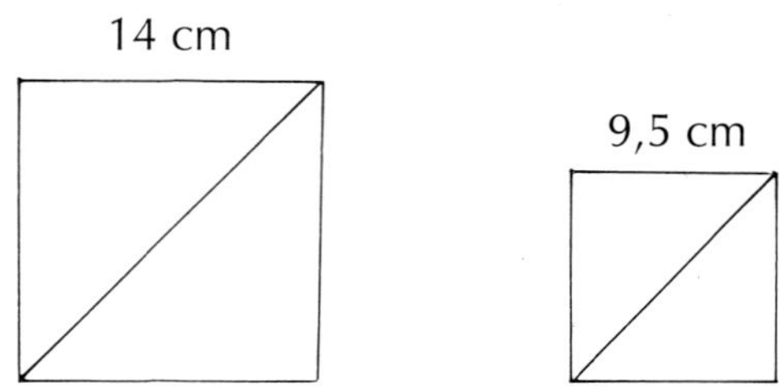

et 4 triangles dans 2 carrés de 9,5 cm de côté.

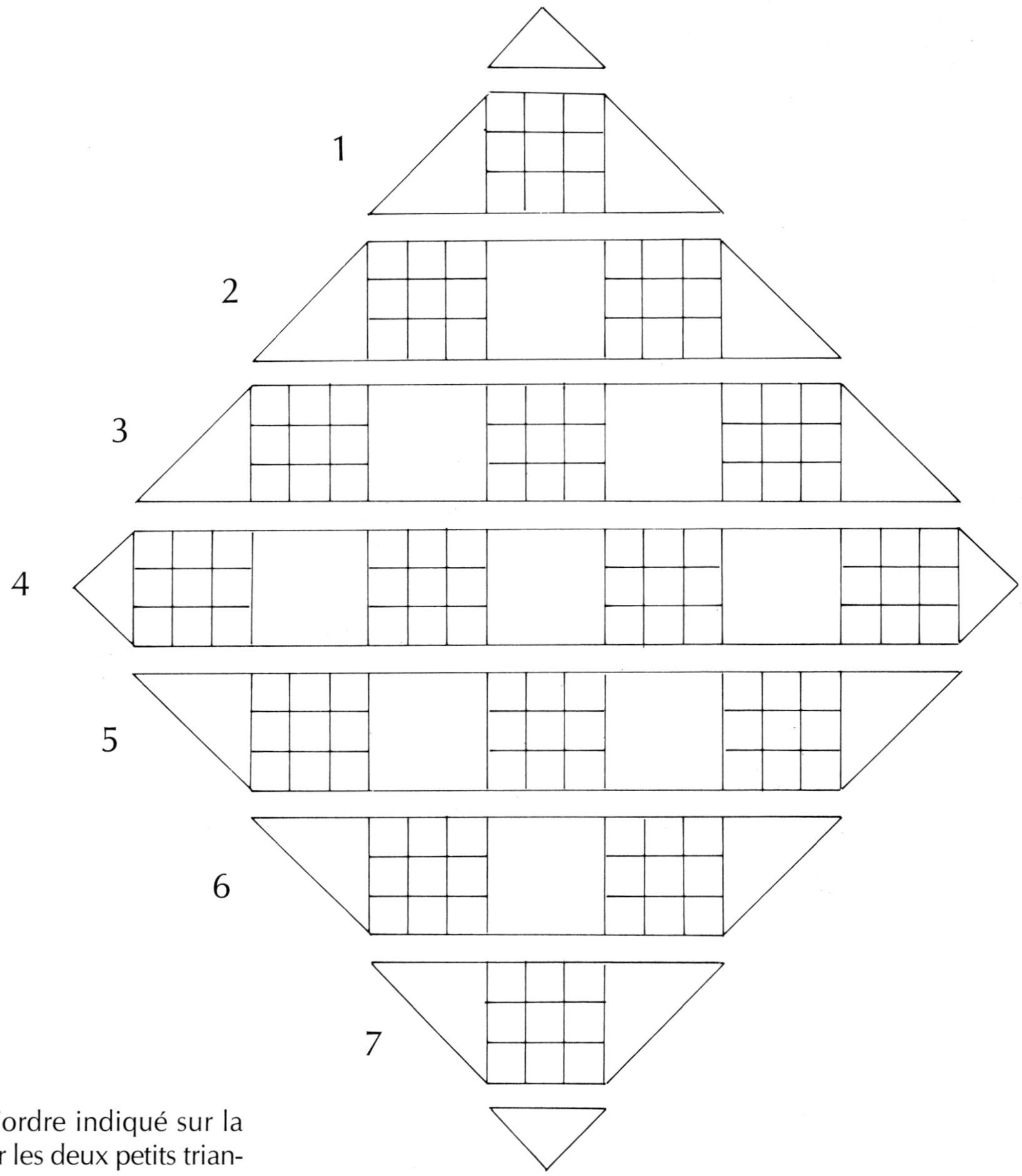

- Assembler par bandes en suivant l'ordre indiqué sur la figure ci-contre. Terminer le carré par les deux petits triangles dans les angles opposés.

- Égaliser les bords et coudre les bordures.

CHAÎNE IRLANDAISE SIMPLE

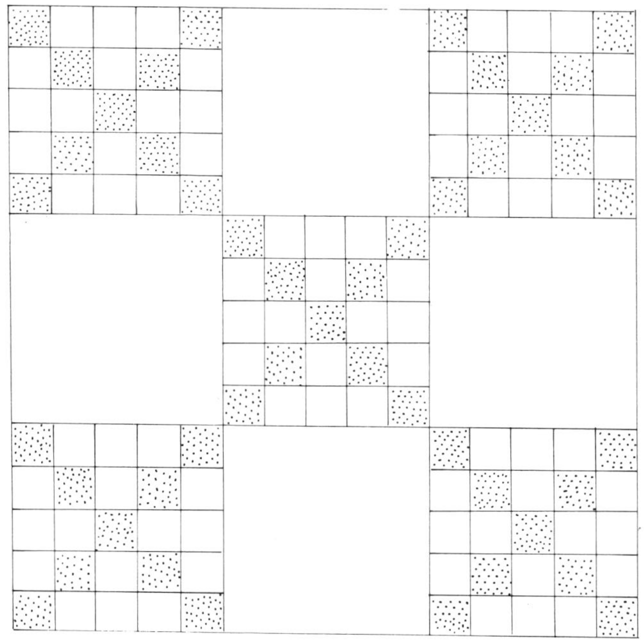

- Découper des bandes de tissu de la largeur des petits carrés sans oublier d'ajouter 1 cm (0,5 cm × 2) pour les coutures :

10 bandes blanches
5 bandes imprimées
4 grands carrés blancs découpés dans une bande dont la largeur est 5 fois celle des petits carrés plus 1 cm pour les coutures.

- Coudre les bandes 5 par 5 suivant les 3 schémas suivants :

Première combinaison

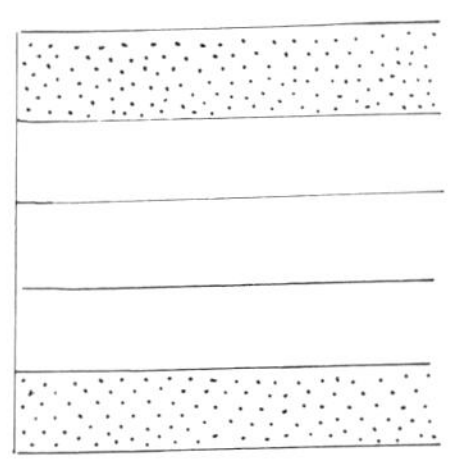

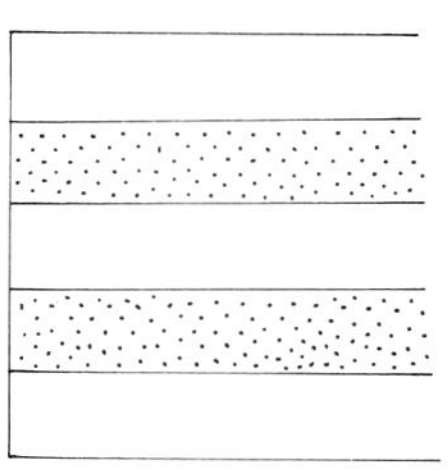

Deuxième combinaison

Troisième combinaison

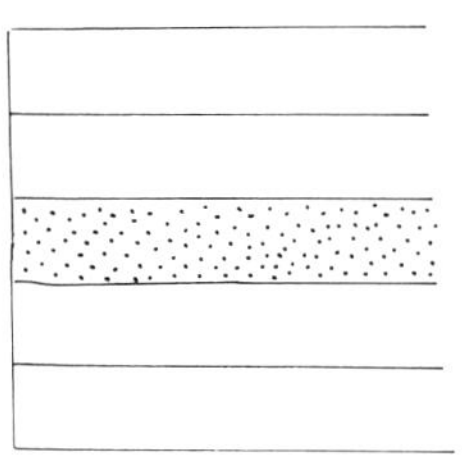

- Découper transversalement dans chacune de ces combinaisons des bandelettes de la largeur d'un petit carré plus 1 cm pour les coutures. Il faut 10 bandelettes dans la première et la deuxième combinaison et 5 dans la troisième.

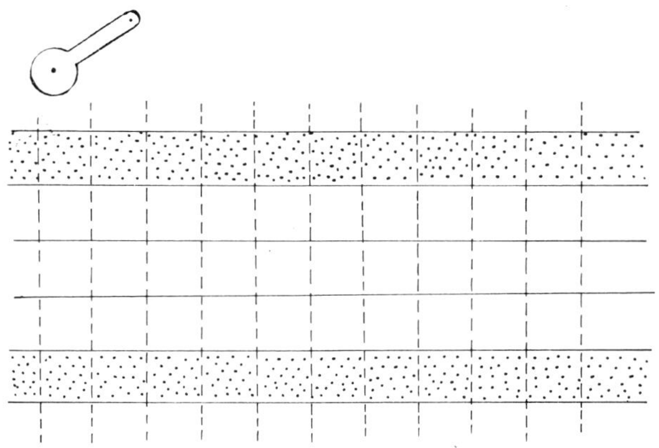

- Coudre dans l'ordre les bandelettes pour obtenir les 5 carrés bicolores.

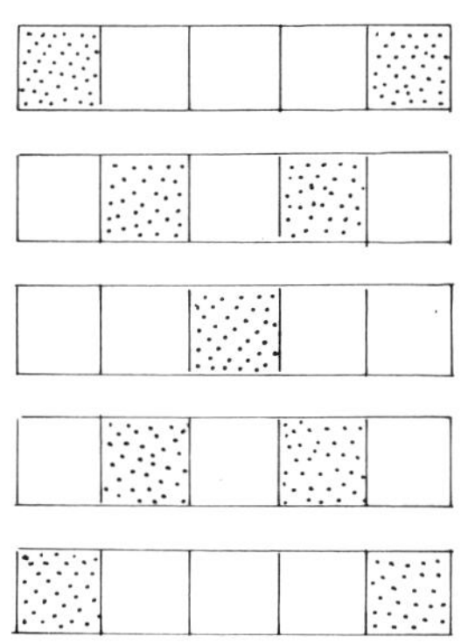

Presser toutes les coutures du même côté sans les ouvrir.

- Préparation de la couture :

  épingler la bande A avec la bande B de façon à ce que les coutures soient couchées en sens inverse.

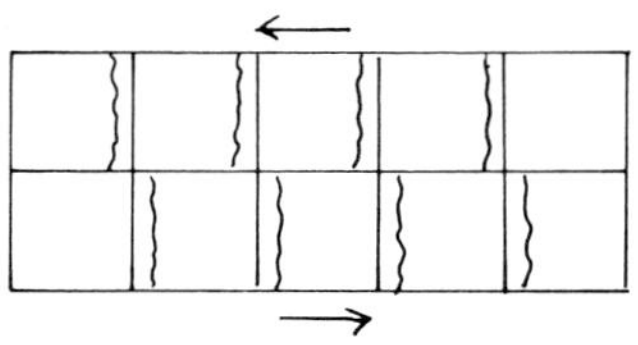

Sur chaque couture séparant deux carrés, placer une épingle perpendiculairement à la couture à faire.

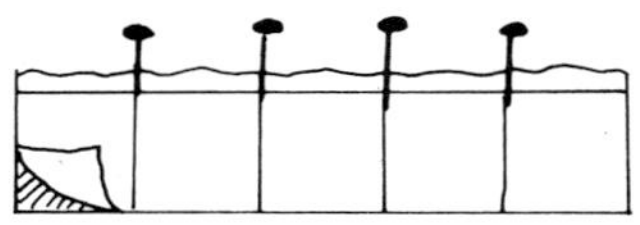

Continuer en cousant la bande C à la suite de la bande B puis de nouveau une bande B et terminer par une bande A.

- Coudre les carrés obtenus avec les carrés blancs pour former 3 bandes.

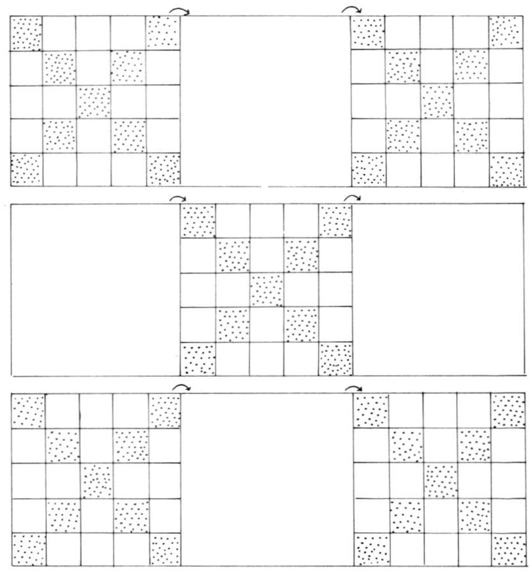

- Assembler enfin ces trois bandes en plaçant des épingles aux angles de chaque carré.

Réalisation

Ici, les petits carrés cousus mesurent 2,5 cm, et les grands 12,5 cm.

Couper :

5 bandes imprimées de 3,5 cm pour les petits carrés et 4 bandes pour les bordures,
10 bandes unies de 3,5 cm et 8 pour les bordures,
2 bandes unies de 14 cm de large.

Tissu utilisé : 50 cm de tissu imprimé et 1 mètre de tissu uni.

CHAÎNE IRLANDAISE DOUBLE

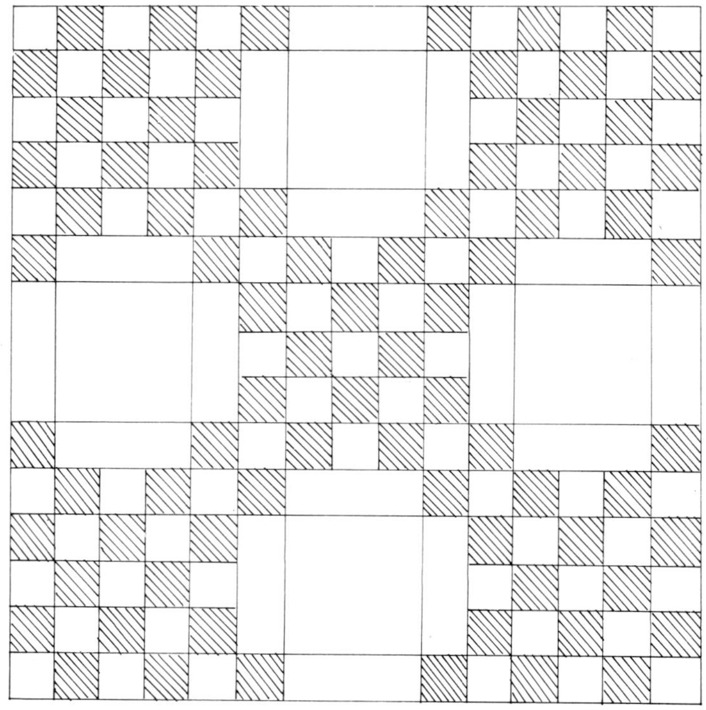

- Découper le tissu en bandes :

  7 bandes imprimées de la largeur des petits carrés plus 1 cm ;
  7 bandes blanches de la même largeur ;
  2 bandes blanches d'une largeur triple des bandes précédentes plus 1 cm, dans lesquelles on découpera les carrés et les rectangles unis utilisés plus loin.

- Coudre les bandes pour former les ensembles suivants :

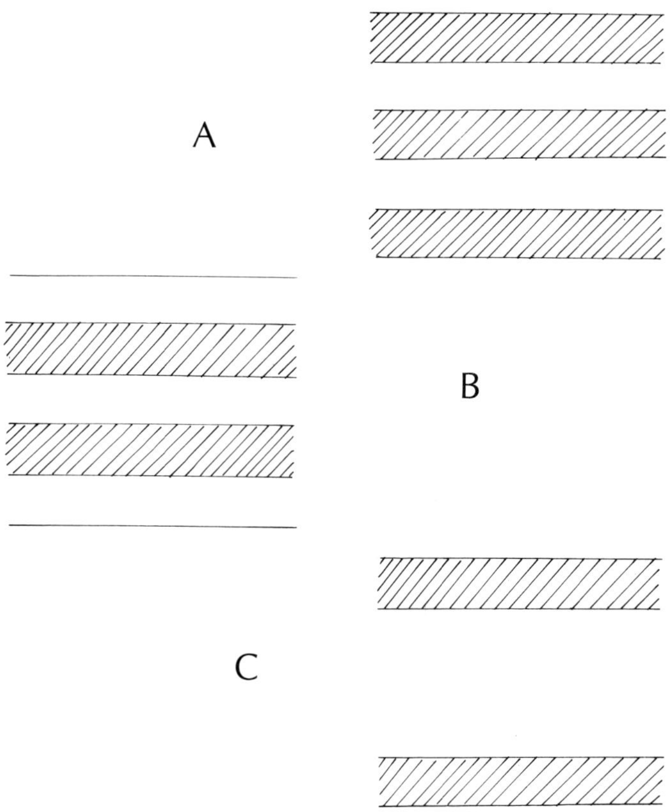

- Coucher toutes les coutures du même côté, puis découper les ensembles A, B et C transversalement en bandelettes de la largeur d'un petit carré plus 1 cm pour les coutures.

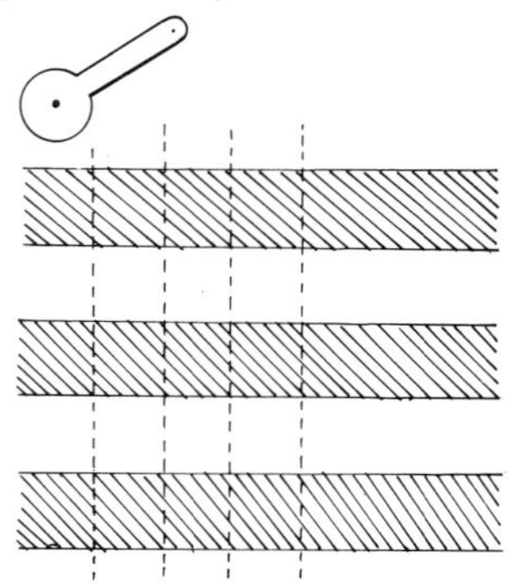

Il faut pour chaque carré :

2 bandelettes de l'ensemble A

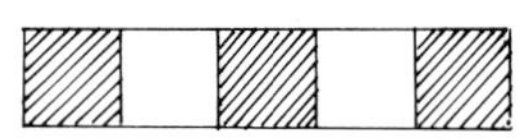

3 bandelettes de l'ensemble B

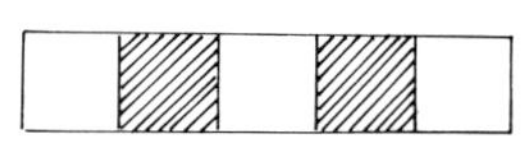

2 bandelettes de l'ensemble C.

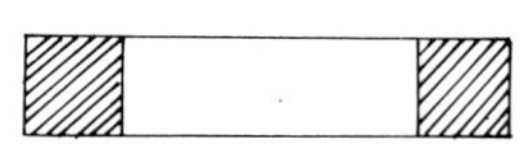

• Coudre les bandelettes pour former des carrés comme pour la chaîne irlandaise simple.

1re sorte de carré

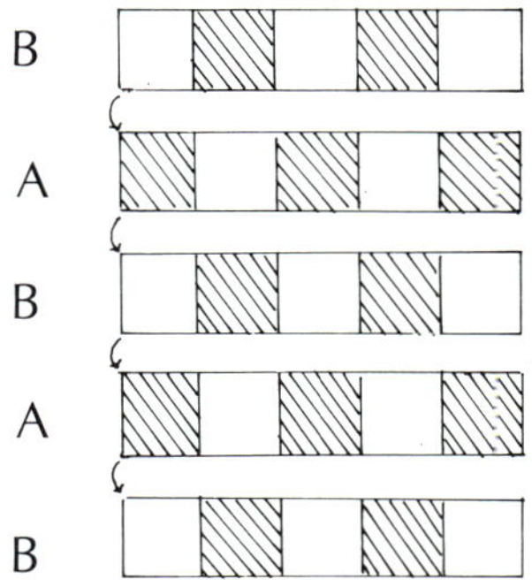

2e sorte de carré

Couper dans la bande blanche des rectangles de la largeur des petits carrés plus 1 cm pour les coutures. Commencer par assembler deux rectangles blancs et un carré blanc. Compléter pour former un carré avec 2 bandelettes de l'ensemble C.

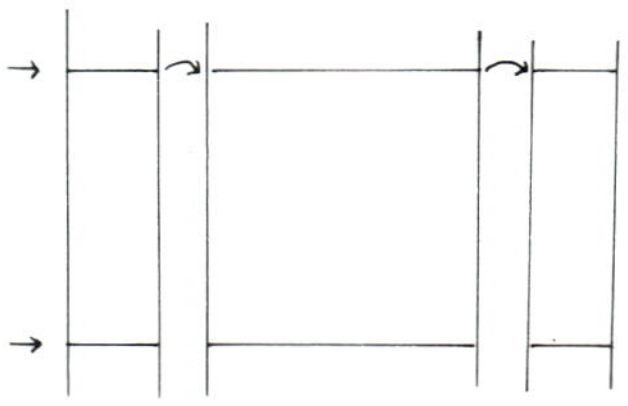

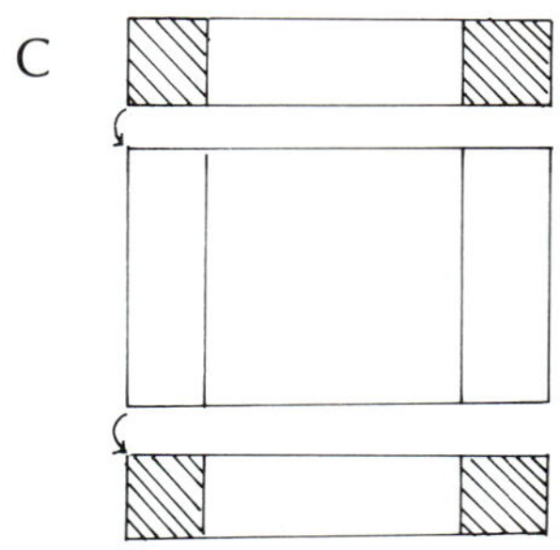

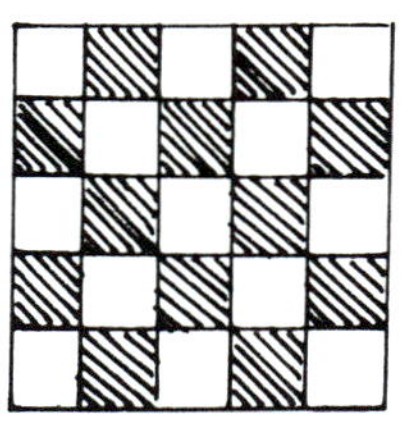

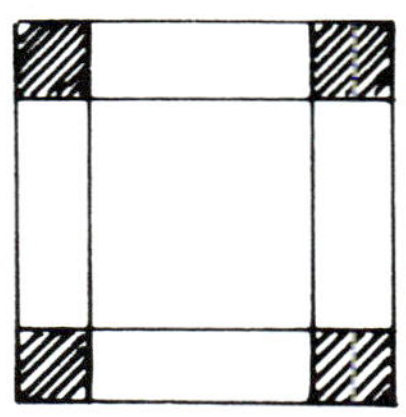

• Coudre les carrés en bandes en suivant le schéma ci-dessous. Il est indispensable de placer une épingle à chaque fois que 2 coutures se trouvent face à face, afin que les angles coïncident exactement.

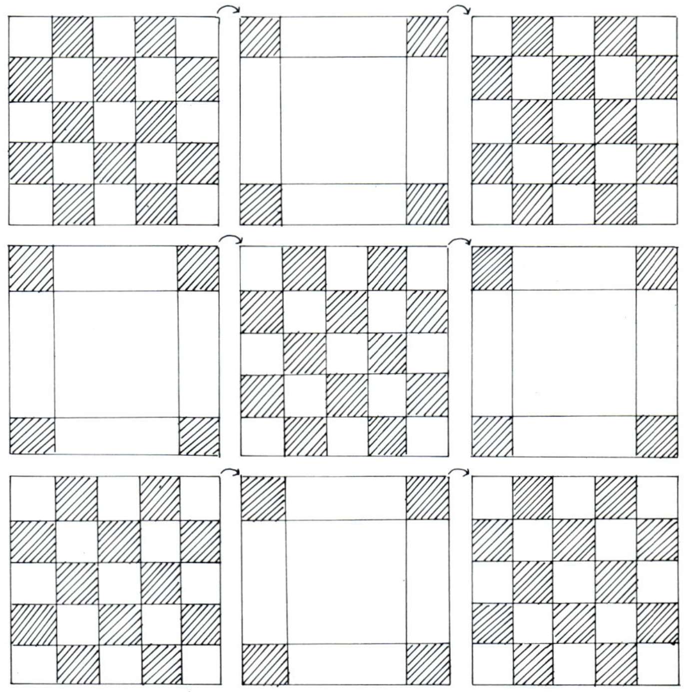

• Assembler ces trois bandes en prenant les mêmes précautions que précédemment au niveau des coins.

Réalisation

Nappe

Dimensions : 1,30 m x 2,47 m
Elle est formée de 8 carrés dans le sens de la largeur et 17 dans le sens de la longueur. La largeur des bandes à découper est de 4 cm (3 cm + 0,5 x 2).

- Coudre deux sortes d'assemblages :

  6 fois : 3 bandes rouges et 2 bandes blanches

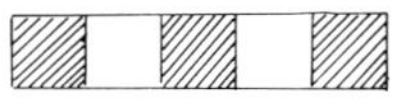

  4 fois : 3 bandes blanches et 2 bandes rouges

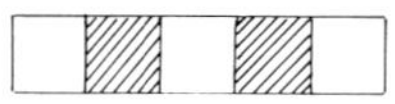

- Dans un tissu en 1, 60 m de large vous couperez 40 éléments par bande.

Il faut 68 carrés

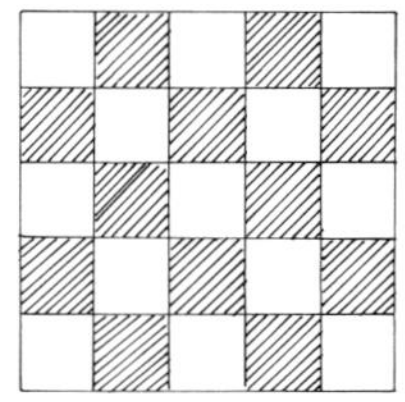

et 68 carrés

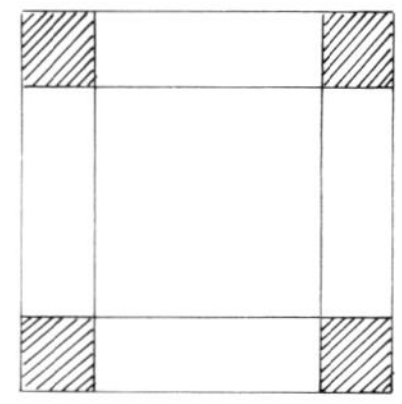

formés de la façon suivante :

4 fois 2 bandes rouges et une grande bande blanche

4 fois 2 petites bandes blanches et 1 grande bande blanche

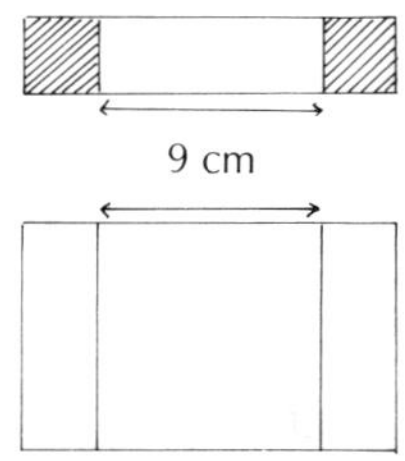

Bordures : prévoir une bordure rouge de 8 cm de large plus 1 cm pour les coutures.

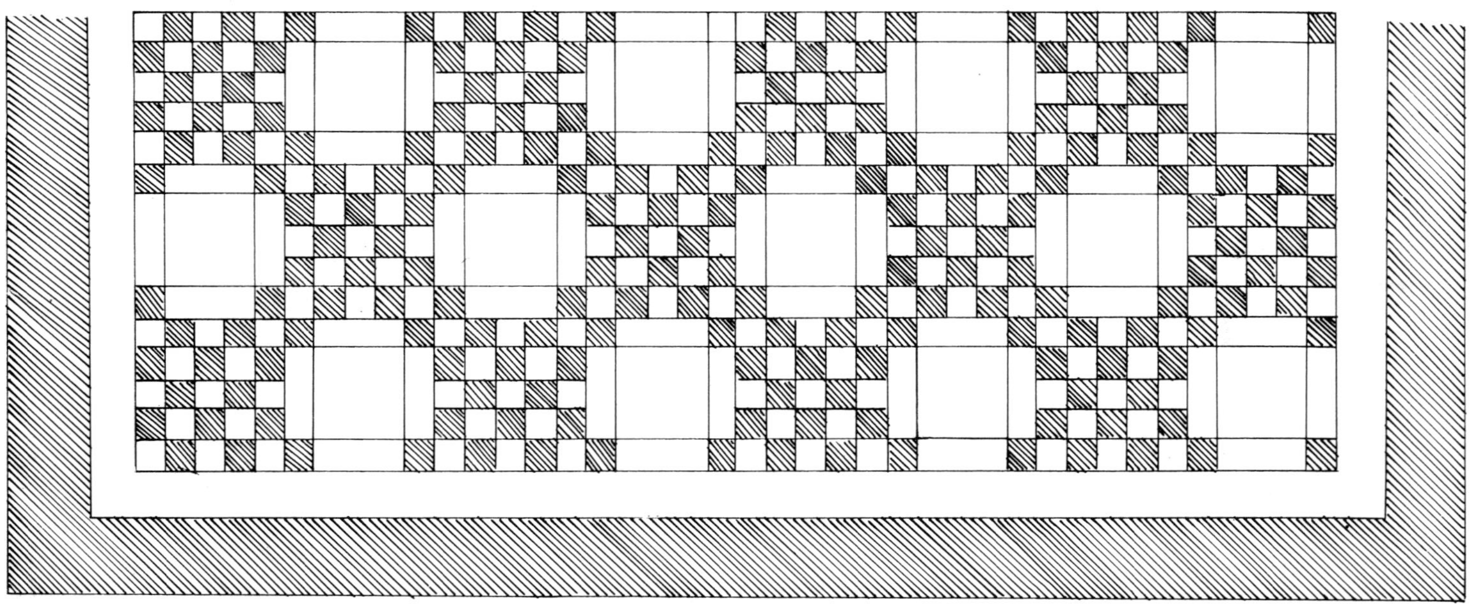

Dans la chaîne irlandaise double, il est possible d'utiliser une **troisième couleur.**

- Il faudra alors couper :

3 bandes 

9 bandes 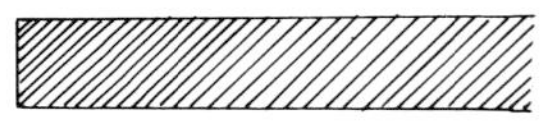

5 bandes 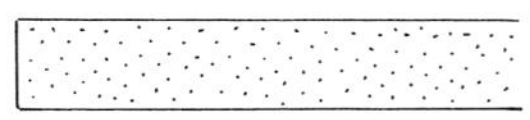

- Coudre ces bandes 5 par 5 pour obtenir les combinaisons suivantes :

pour la 1re et la 5e lignes 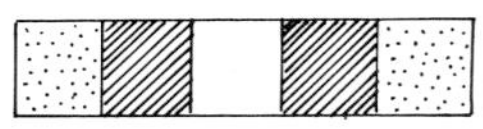

pour la 2e et la 4e lignes 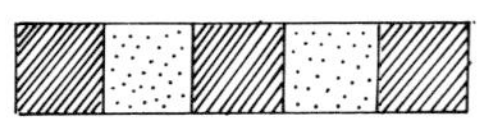

pour la 3e ligne 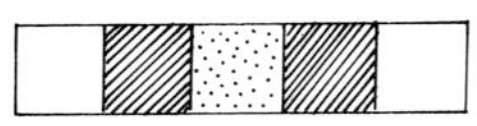

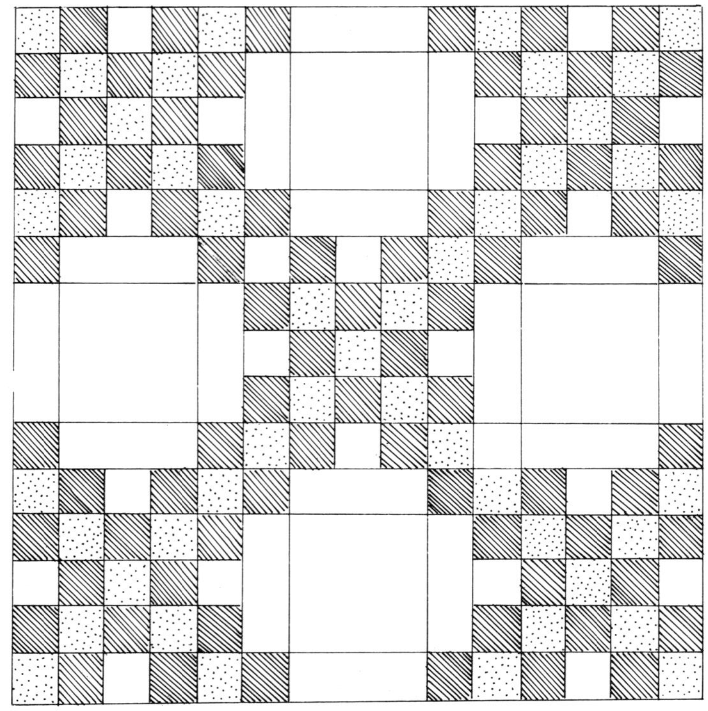

Assembler comme sur le schéma en suivant les indications données pour le modèle à deux couleurs.

ASSEMBLAGE
DE
RECTANGLES

BARRIÈRE SIMPLE

Escaliers

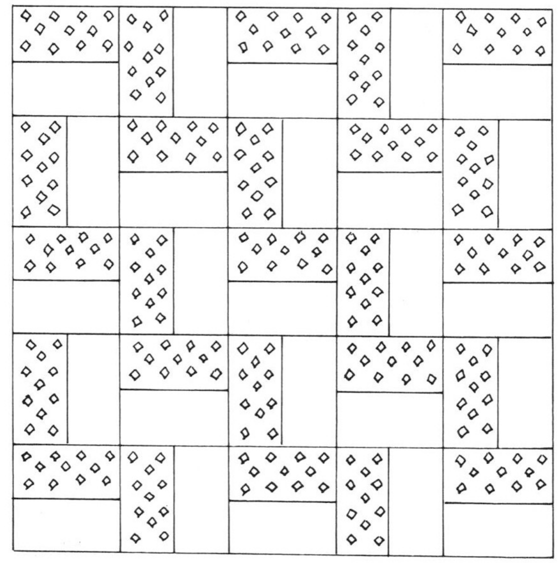

Ce motif est composé de carrés égaux, chaque carré étant formé par la juxtaposition de rectangles de couleurs différentes.

- Couper des bandes de tissu d'une largeur égale à la moitié du côté du carré de base augmentée de 1 cm (0,5 cm x 2).

- Coudre ces bandes 2 par 2 et coucher la couture du côté du tissu le plus foncé.

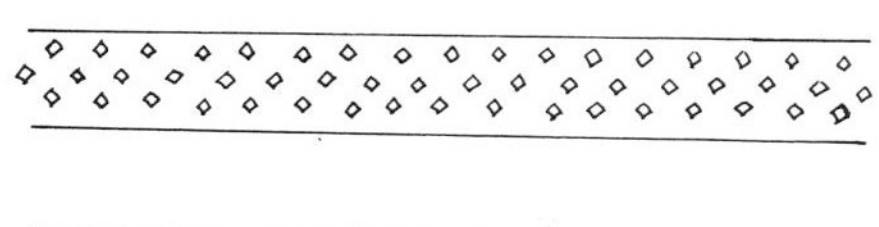

- Couper cet ensemble de 2 bandes en carrés sans oublier d'ajouter les coutures.

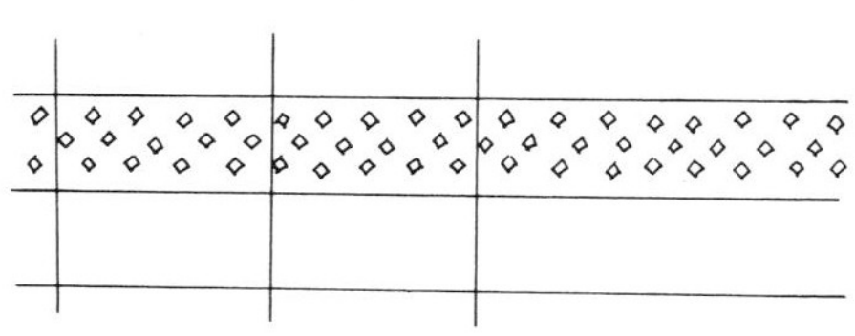

En fonction des dimensions de l'ouvrage à réaliser, il faudra préparer plusieurs ensembles de 2 bandes.
Les carrés étant tous identiques, il est très simple de calculer le nombre de carrés obtenus dans une largeur du tissu.

- Assembler en bandes les carrés en suivant le schéma cidessous :

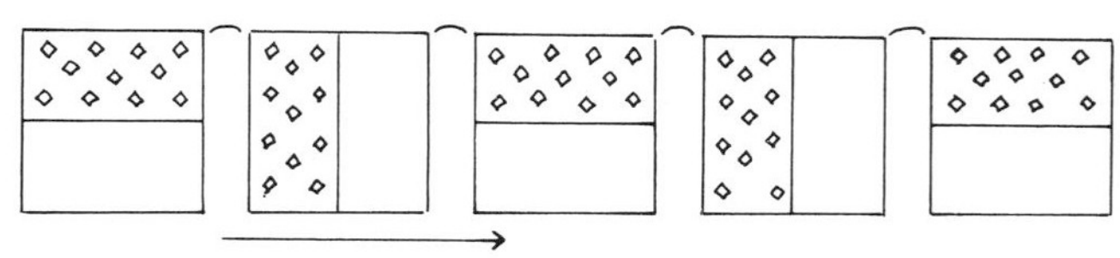

sens du repassage des coutures

de cette façon pour les 1re, 3e et 5e bandes

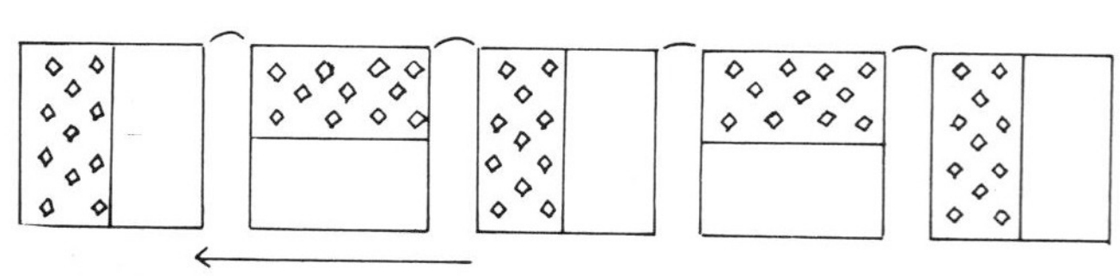

sens du repassage des coutures

de cette façon pour les 2e et 4e bandes

Attention : le tissu imprimé (ou le plus foncé) se trouve toujours en haut ou à gauche.

Réalisation

Couverture de bébé

Il faut découper 11 bandes de 3, 5 cm de large dans 2 tissus différents et suivre les explications des pages précédentes.

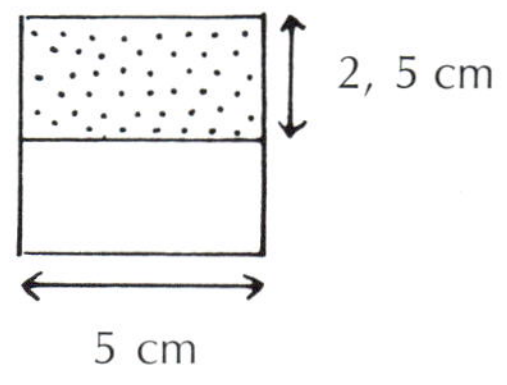

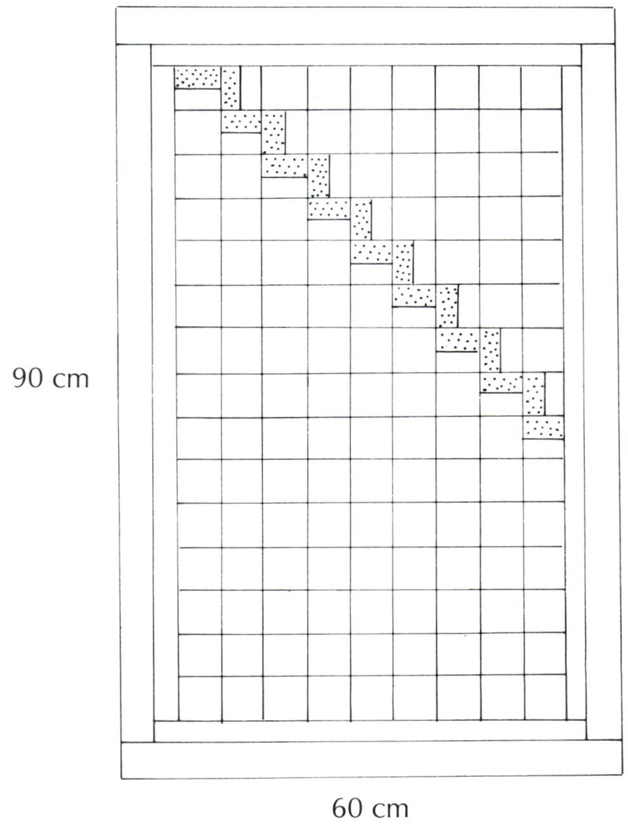

MOULINS A VENT

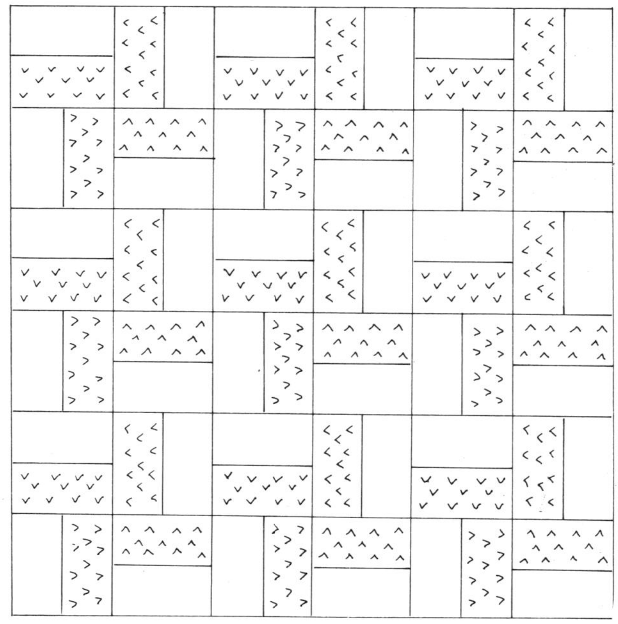

Pour ce modèle, il faut préparer des carrés comme dans le chapitre précédent « Barrière simple ».
Les trois premières étapes sont exactement les mêmes (voir p. 38).

C'est la disposition des carrés les uns par rapport aux autres qui crée un motif différent.

- Coudre les carrés dans cet ordre pour les bandes 1, 3, et 5.

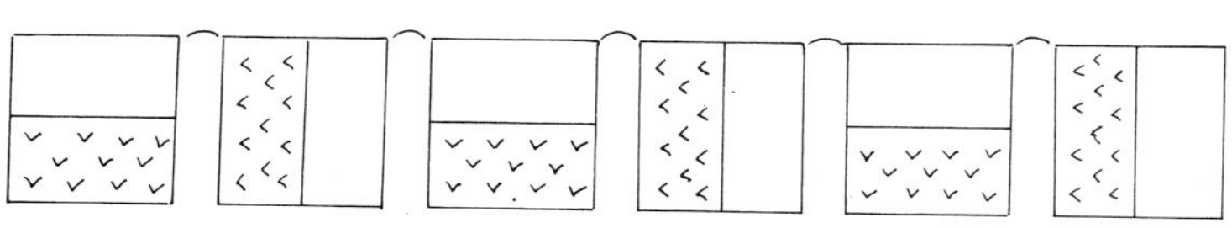

sens de repassage des coutures

Dans cette série de bandes, le tissu imprimé (ou le plus foncé) sera toujours en bas pour les rectangles placés horizontalement, et à gauche pour les rectangles placés verticalement.

- Coudre les carrés dans cet ordre pour les bandes 2, 4 et 6.

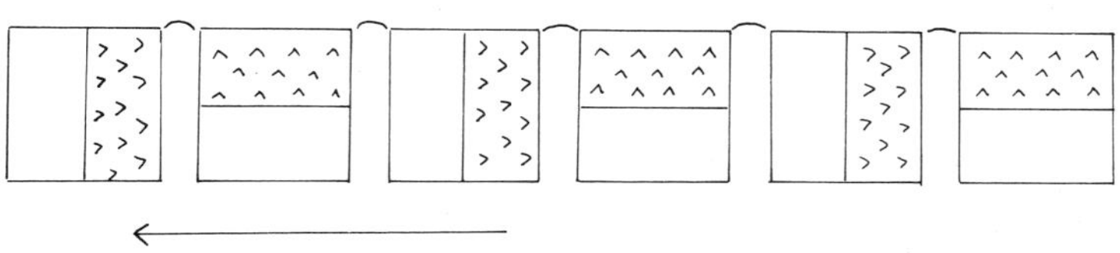

sens de repassage des coutures

Dans cette série de bandes, le tissu imprimé (ou le plus foncé) sera toujours à droite pour les rectangles placés verticalement, et en haut pour les rectangles placés horizontalement.

- Assembler les bandes dans l'ordre en plaçant toujours une épingle à chaque couture.

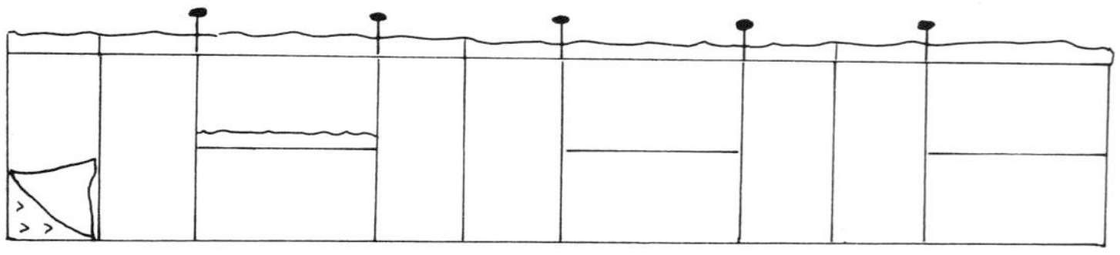

Réalisation

Couverture de bébé

Il faut découper 5 bandes de 3, 5 cm de large dans 4 tissus différents, et les assembler 2 par 2 en carrés en suivant les explications des pages précédentes pour obtenir deux sortes de carrés qu'on fera alterner dans l'assemblage final.

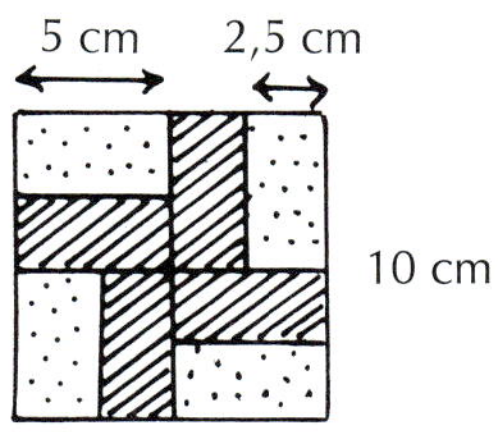

imprimé bleu/uni rose

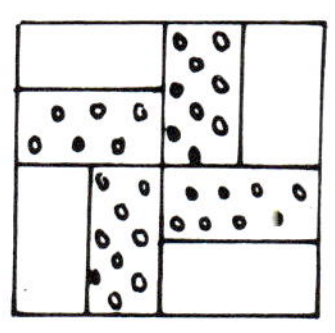

imprimé rose/uni bleu

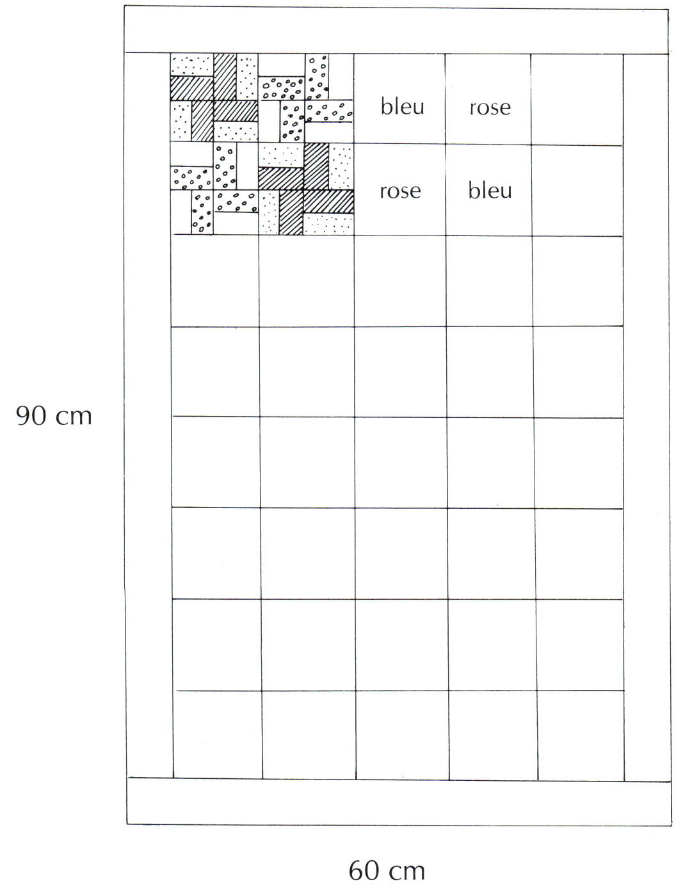

LA BARRIÈRE

3 couleurs ou plus

Ce modèle provient de l'assemblage de carrés identiques à celui-ci.

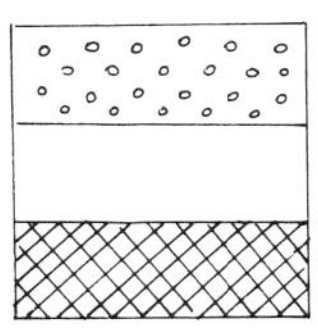

- Couper les 3 tissus en bandes d'égale largeur (1/3 du côté du carré de base + 1 cm pour les coutures).
  Le nombre de bandes dépend des dimensions de l'ouvrage, c'est-à-dire du nombre de carrés nécessaires à sa réalisation.
- Coudre les bandes 3 par 3, toujours suivant la même disposition.

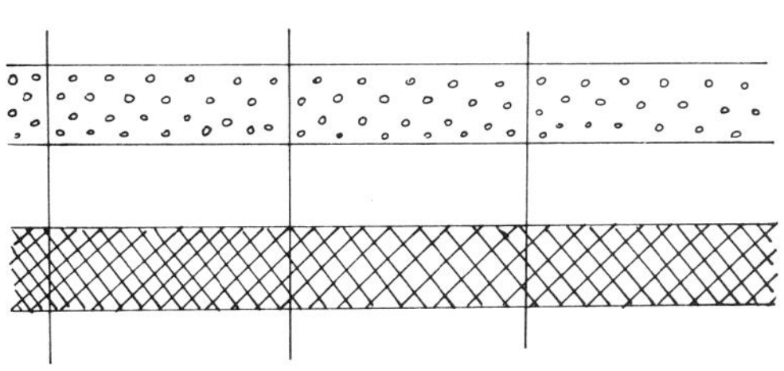

- Couper perpendiculairement ces ensembles de 3 bandes en carrés, sans oublier les coutures.

- Assembler en bandes en plaçant un carré horizontalement puis un carré verticalement, et ainsi de suite :

  de cette façon pour les rangées impaires : 1, 3, 5...

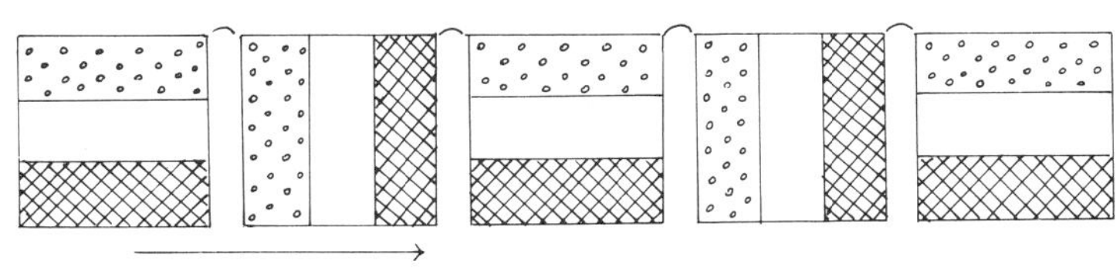

sens de repassage des coutures

de cette façon pour les rangées paires : 2, 4, 6...

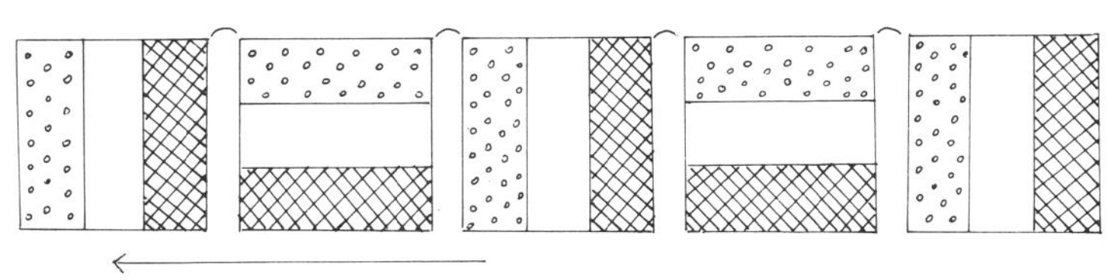

sens de repassage des coutures

Attention ! La position des tissus est très importante : ici le tissus à pois se trouve toujours en haut dans le carré horizontal et à gauche dans le carré vertical.

- Coudre les bandes obtenues en vérifiant à chaque fois que les différents tissus sont bien placés. La première bande doit commencer par un carré avec un rectangle à pois sur la ligne du haut, la deuxième bande par le même rectangle à pois mais vertical.

Avant de coudre il est indispensable de placer une épingle à chaque couture. Si le sens de repassage a été respecté, on doit avoir une couture de chaque côté de l'épingle.

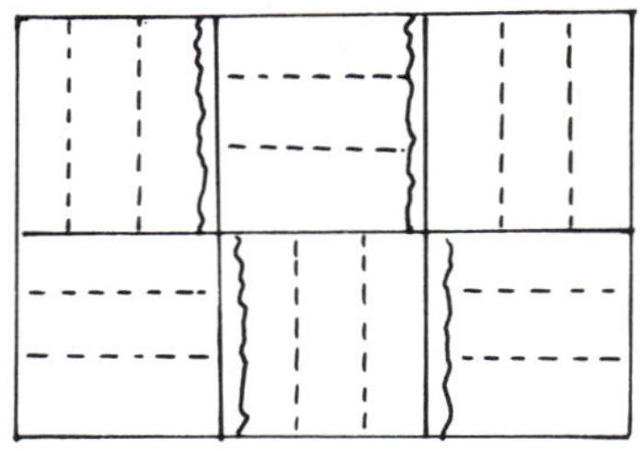

Ce motif peut aussi être exécuté avec 4 tissus différents.

Réalisation 1

Dessus de lit pour 2 personnes

(Photo p. 42).

Quantité de tissu nécessaire : 1,80 m de tissu de chaque couleur :

1 tissu foncé
1 tissu moyen
1 tissu clair

Bordures : 1 m de tissu clair pour la 1re bordure
1,25 m de tissu foncé pour la seconde.

- Découper dans chacun des 3 tissus 18 bandes de 9 cm de large, pour former 72 carrés de 25 cm de côté en suivant les instructions des pages précédentes.
- Coudre les bordures dans l'ordre indiqué par la figure ci-dessous.

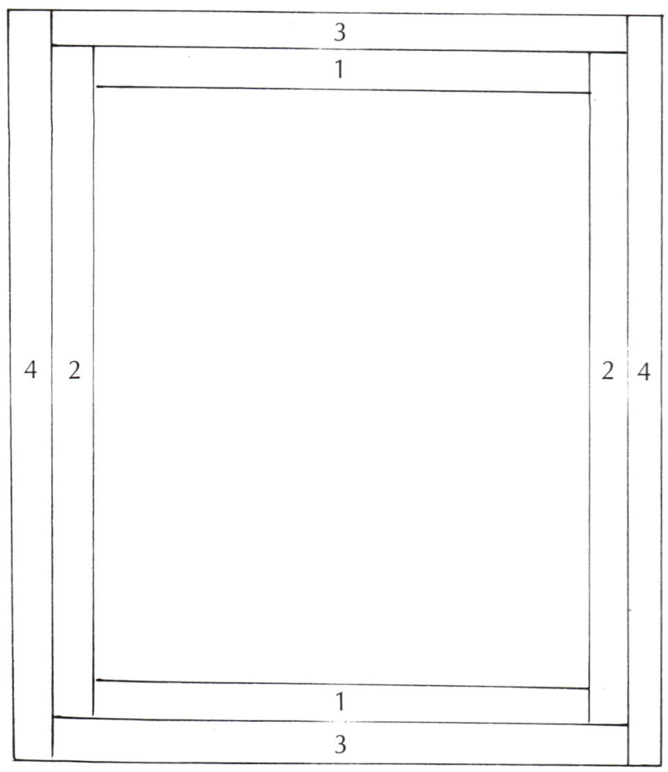

Réalisation 2

Housse de coussin à 4 couleurs

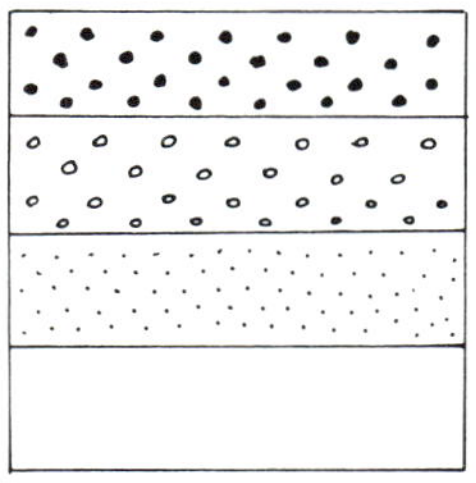

- Suivant le procédé développé dans les pages précédentes, découper 2 bandes de 6 cm de large dans chaque tissu.

- Coudre les bandes 4 par 4, puis découper des carrés de 21 cm de côté. Les assembler en suivant le schéma.

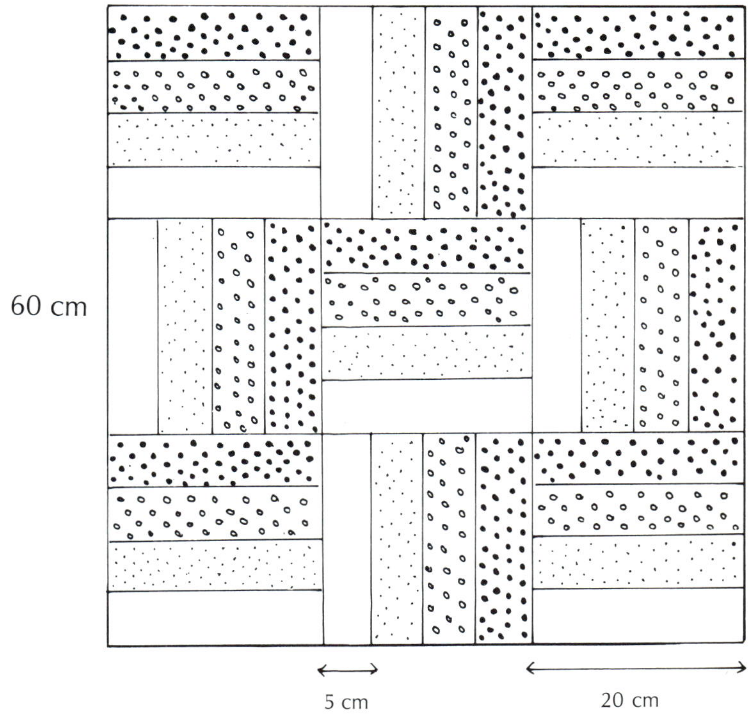

VANNERIE

- Couper 3 bandes (ou un multiple de 3) de chaque tissu, de la largeur désirée plus 1 cm (0,5 x 2). En multipliant par 24 la largeur du tissu, vous obtiendrez la dimension du patchwork. On peut l'agrandir ou le rétrécir à volonté soit en élargissant ou réduisant les bandes, soit en augmentant ou diminuant le nombre des carrés.

- Coudre les bandes 3 par 3 de deux façons différentes :

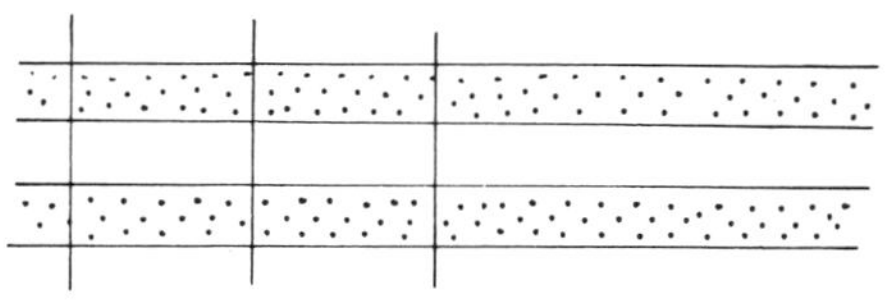

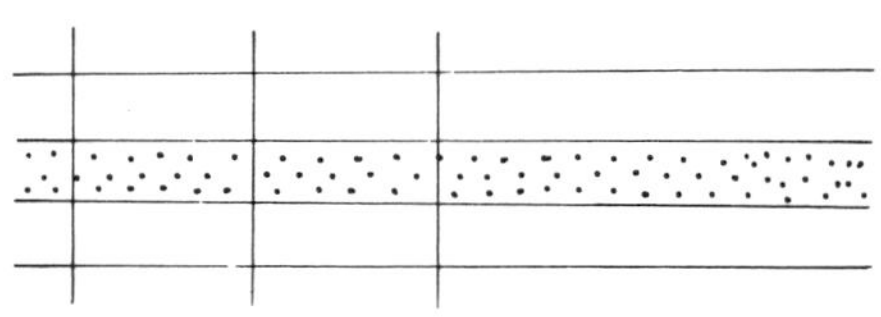

- Couper chaque bande obtenue pour former des carrés.
- Coudre les carrés obtenus en plaçant 1 carré de la première combinaison horizontalement, puis un carré de la 2ᵉ combinaison verticalement.
  Tourner toujours les carrés à bandes horizontales de façon à avoir les coutures couchées vers soi pour piquer à la machine, cela évite ainsi de les déformer.

Préparer ainsi tous les rangs impairs : 1, 3, 5...

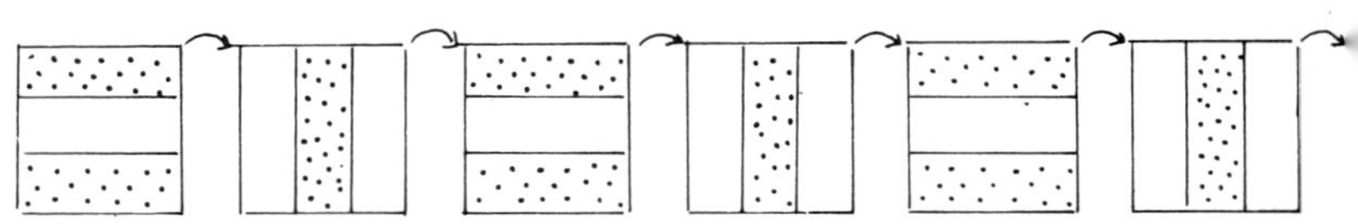

et ainsi tous les rangs pairs : 2, 4, 6...

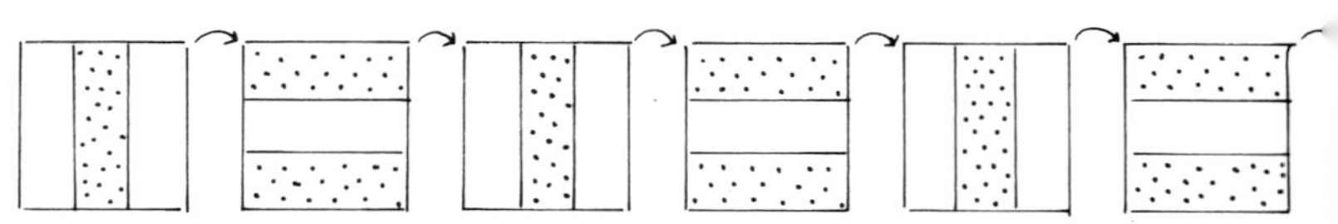

Repasser les coutures d'une bande en les couchant toutes du même côté.

- Assembler toutes les bandes pour former le grand carré en épinglant à chaque couture et en les présentant 2 par 2 de façon à avoir aux jointures des carrés les coutures couchées de part et d'autre de l'épingle.

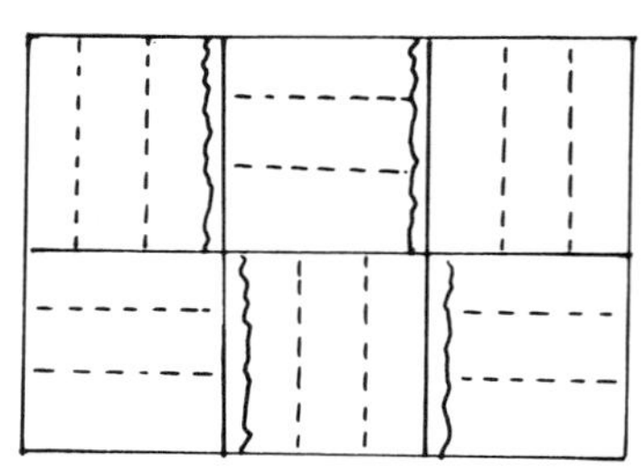

envers

Réalisation

Housse de coussin

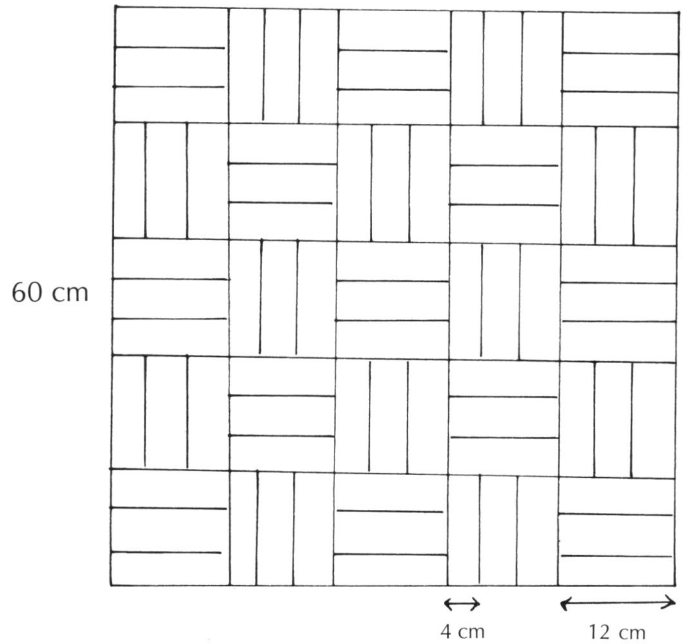

Pour réaliser ce modèle, choisir deux tissus contrastés et couper dans chacun d'eux 6 bandes de 5 cm de large de façon à pouvoir coudre deux ensembles de bandes de chaque sorte.

Procéder comme décrit précédemment et découper des carrés de 13 cm de côté. Assembler les carrés en suivant le schéma ci-contre.

TIC-TAC-TOE

Carrés et rectangles

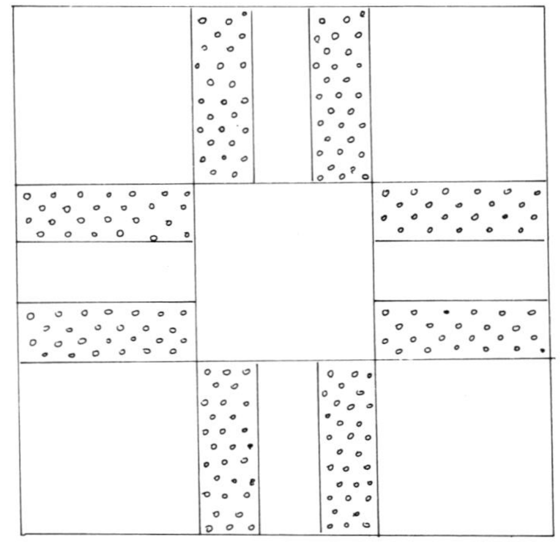

- Couper 2 bandes de tissu imprimé
  1 bande de tissu uni de la même largeur
  1 bande de tissu uni de largeur triple, plus 1 cm pour les coutures.
- Coudre les trois bandes étroites en intercalant la bande unie entre les bandes imprimées.

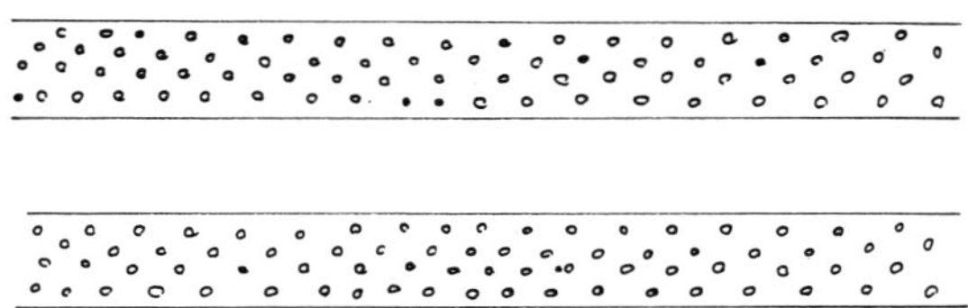

Coucher toutes les coutures du même côté.

- Découper 5 carrés dans la grande bande de tissu uni et

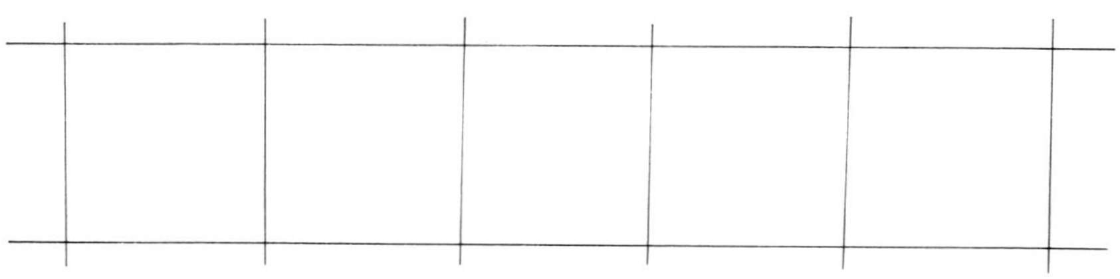

4 dans la bande bicolore

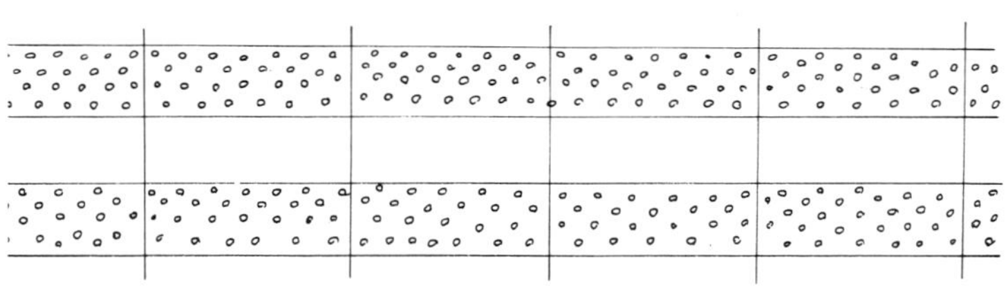

- Assembler les carrés 3 par 3

1re ligne

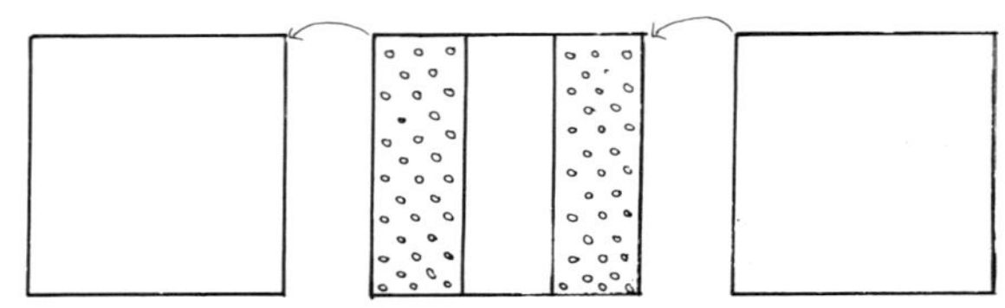

2e ligne

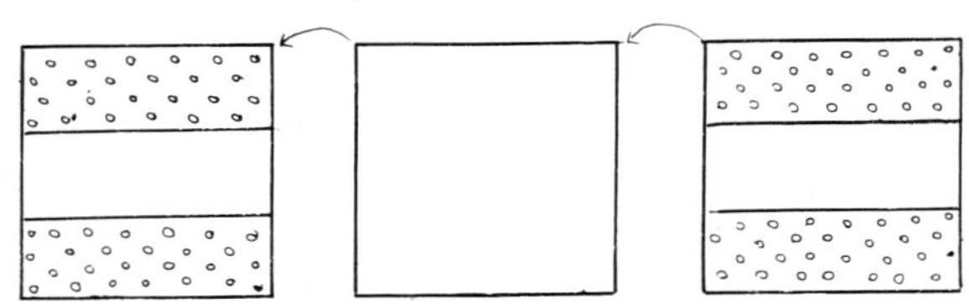

3e ligne

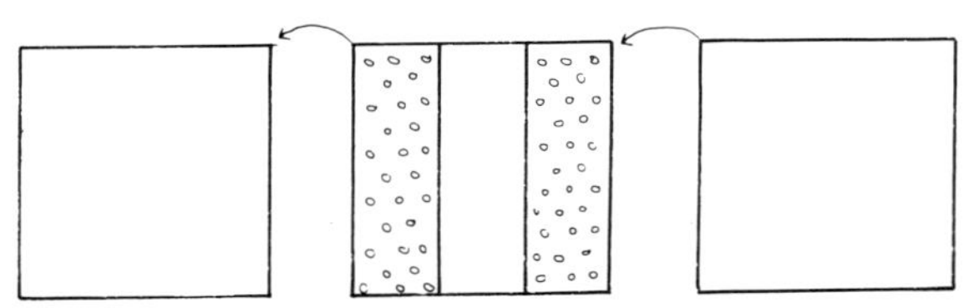

puis les bandes ainsi formées entre elles.

Avec ce modèle, on peut réaliser un grand patchwork en assemblant plusieurs carrés par des bandes du même tissu imprimé ou d'un autre tissu contrasté.

- Les bandes marquées 1 sont à coudre les premières. Pour coudre la 2e série de bandes, bien épingler de façon à placer les coutures les unes en face des autres.

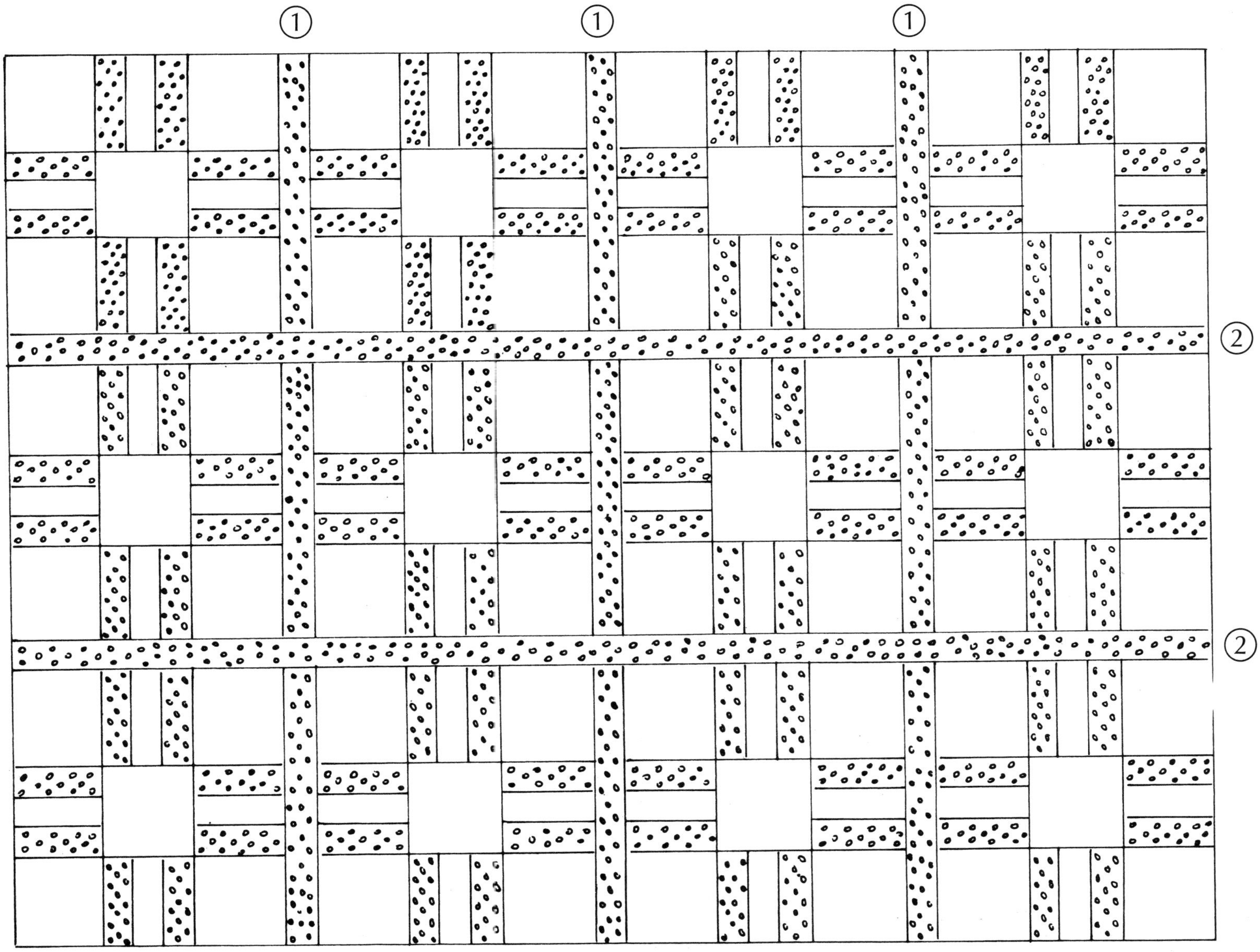

Réalisation

Housse de coussin

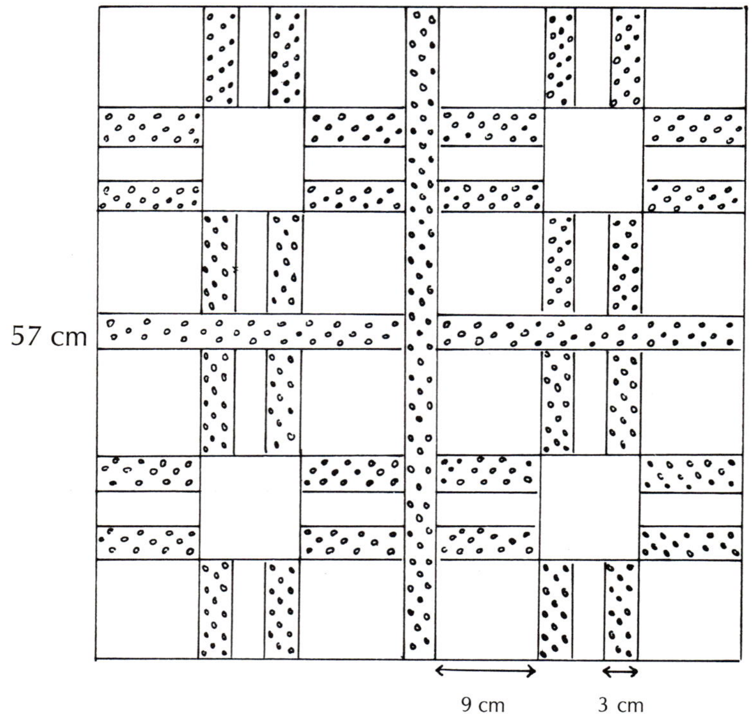

Tissu uni : couper 2 bandes de 10 cm de large
et dans celles-ci 20 carrés de 10 cm de côté
2 bandes de 4 cm de large.

Tissu imprimé : couper 3 bandes de 4 cm de large
2 bandes de 4 cm x 28 cm
1 bande de 4 cm x 58 cm

(Ces deux dernières bandes peuvent être un peu plus longues et seront égalisées à la fin du travail.)

LES BRIQUES

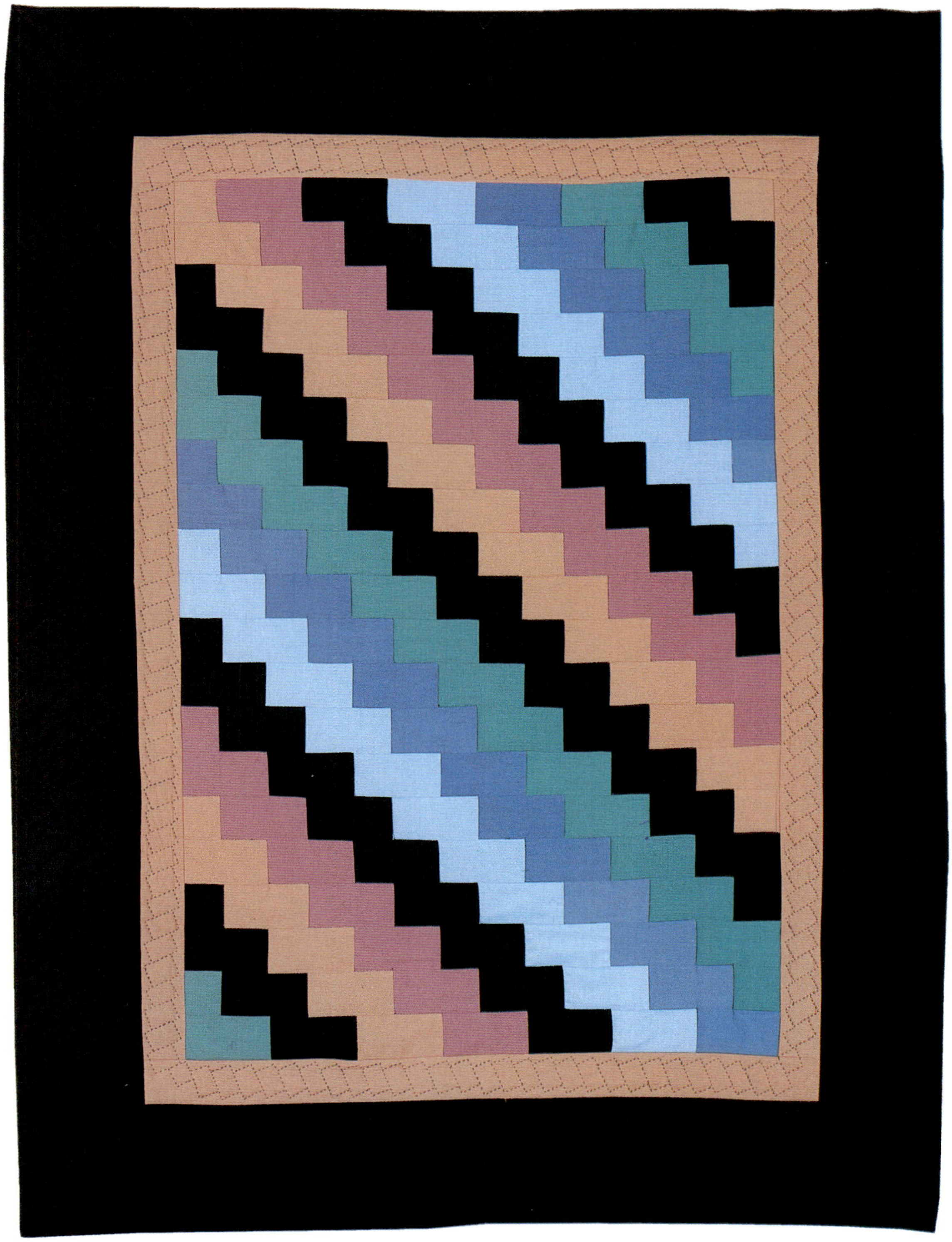

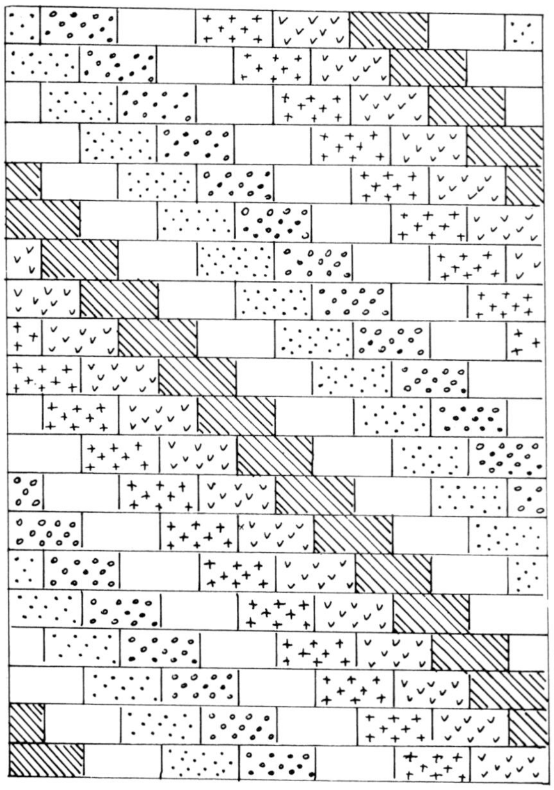

Ce motif est formé de rectangles dont la longueur est égale au double de la largeur.

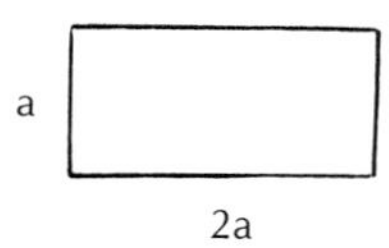

- Étiqueter les échantillons de tissu dans l'ordre choisi.

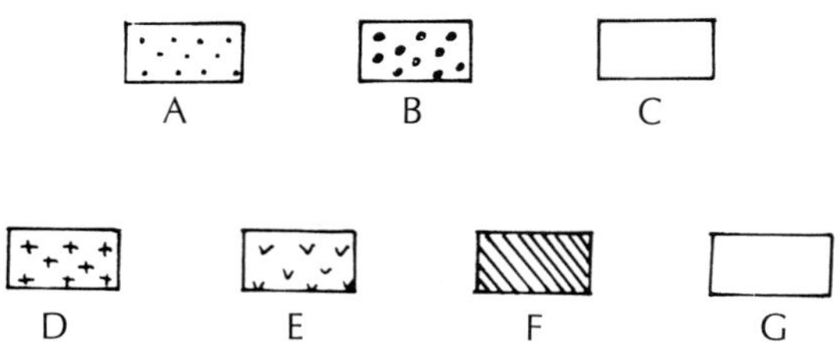

- Couper dans chaque tissu une bande de largeur 2a + (0,5 cm x 2), pour les coutures.
  Couper ensuite dans ces bandes, pour les bords, 2 rectangles de dimensions 2a + 1 cm × a + 1 cm, dans les couleurs A, B et C, et un seul dans les couleurs D, E, F et G.

- Coudre les bandes dans l'ordre choisi, sur toute leur longueur.

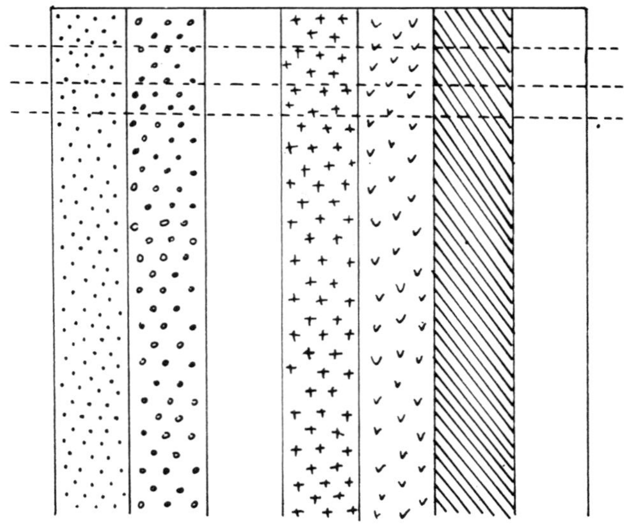

Avec l'ongle, coucher toutes les coutures du même côté sans les ouvrir.

- Découper transversalement des bandes de l + 1 cm de large.

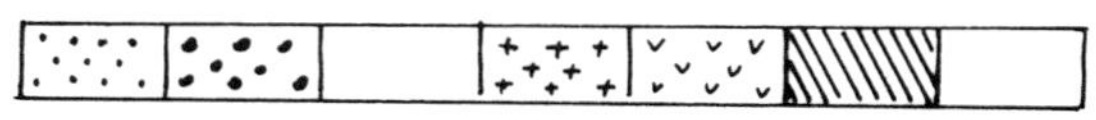

- Coudre les extrémités de 16 de ces bandes pour former 16 anneaux.

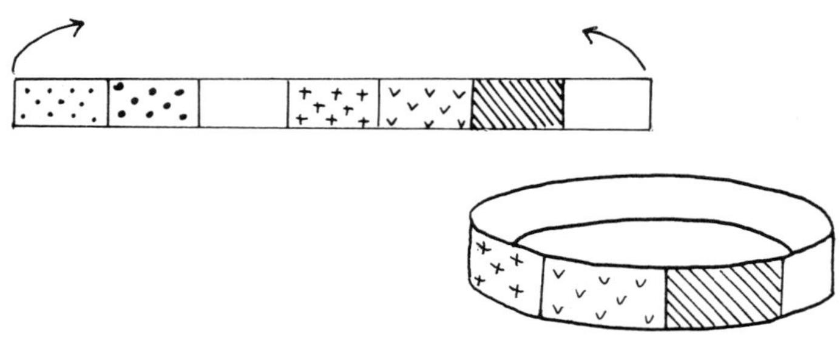

Assemblage :

- Prendre une première bande non cousue et coudre à l'extrémité de celle-ci un rectangle de couleur A sur lequel on aura tracé une ligne au milieu et une autre à 0,5 cm.

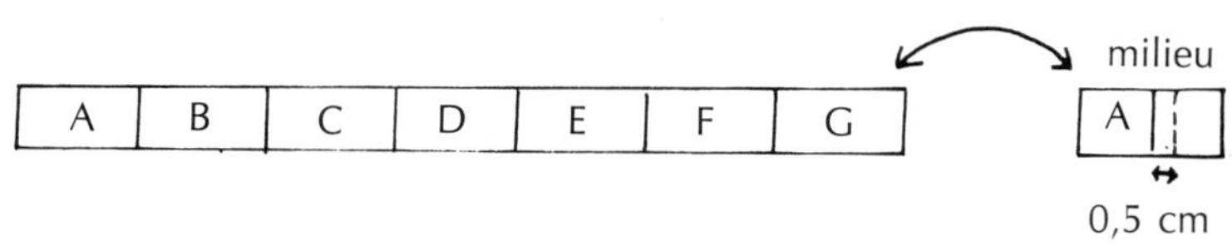

- Coudre à la bande ainsi obtenue une seconde bande non fermée en alignant l'extrémité de celle-ci avec le trait à 0,5 cm.

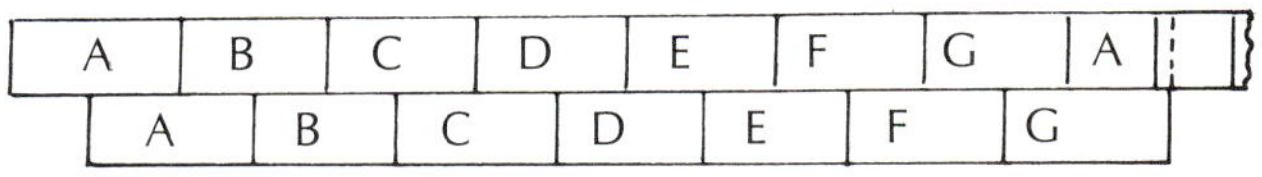

Découdre un anneau entre les rectangles F et G.

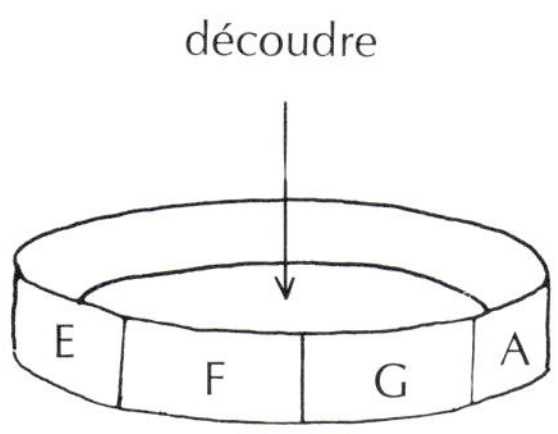

Maintenant cette 3e ligne commence et finit par la couleur G, il faut donc coudre un rectangle G à l'extrémité.

- Découdre un second anneau de la même façon entre les rectangles F et G.
  Coudre ces deux bandes aux deux premières en alignant la 3e avec la 1re et la 4e avec la 2e.

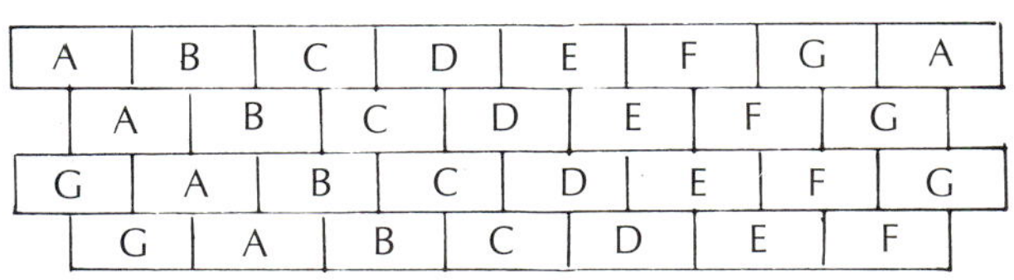

- Continuer de la même façon en décousant deux anneaux entre E et F.
  Au premier, coudre un rectangle F à l'extrémité : ce sera la 5e ligne, à aligner sur la 3e.
  Le second formera la 6e ligne, alignée sur la 4e.
- Procéder ainsi en décalant d'un rectangle à chaque fois et en alignant à chaque fois la bande allongée d'un rectangle sur les lignes impaires.

- Égaliser les bordures en coupant tous les rectangles qui dépassent.
- Coudre une ou plusieurs bandes de bordures pour terminer le top.

Réalisation

Panneau rural

(Photo p. 51)

On a choisi 6 couleurs : orange, rose, bleu clair, turquoise, bleu moyen et noir. Les rectangles cousus mesurent 8 sur 4 cm.

Il faut donc couper 7 bandes de 9 cm de large que l'on coudra puis découpera à nouveau en bandes de 5 cm, en suivant les explications des pages précédentes.

Après assemblage, terminer par une double bordure, orange (4 cm) et noire (8 cm).

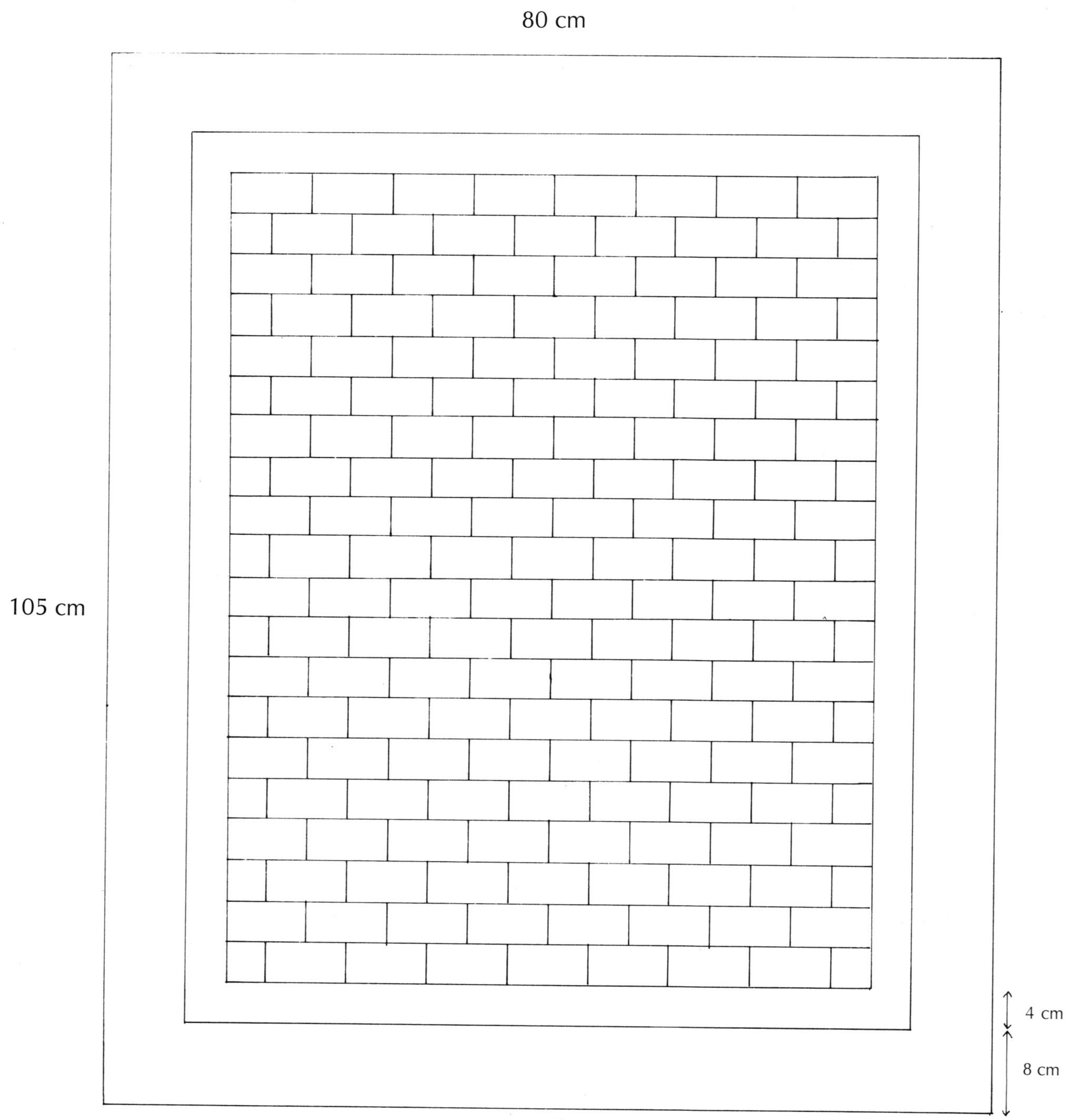

ASSEMBLAGE DE **BANDES**

LOG CABIN

Ce motif est réalisé ici à partir de 7 tissus différents, unis ou imprimés : 3 de teintes claires, 3 de teintes plus foncées et un d'une couleur plus contrastée pour le centre.

- Découper dans ces tissus des bandes de la largeur voulue, sachant que le côté du carré fini est égal à 7 fois la largeur des bandes, sans oublier d'ajouter 1 cm (0,5 cm x 2) pour les coutures.
- Disposer ces bandes de tissu dans l'ordre suivant :

centre	1er clair	1er foncé	2e clair	2e foncé	3e clair	3e foncé

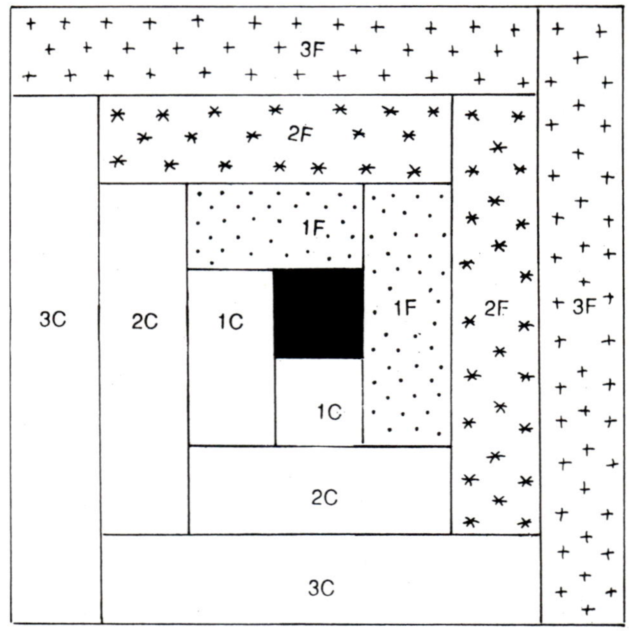

Chaque couleur, sauf le centre, est utilisée deux fois de suite.

Si vous avez peur de vous tromper, faites 2 piles du 1er clair, puis 2 piles du 1er foncé, 2 piles du 2e clair et ainsi de suite.

L'élément de base

Coudre la bande du centre avec la première bande claire, endroit contre endroit, en réglant la machine sur un point très serré.

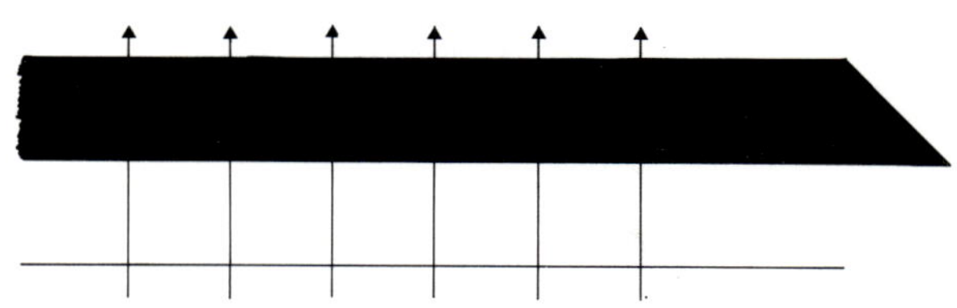

- Couper la bande obtenue en segments de la même largeur que les bandes initiales, autant de segments que vous désirez obtenir de carrés.

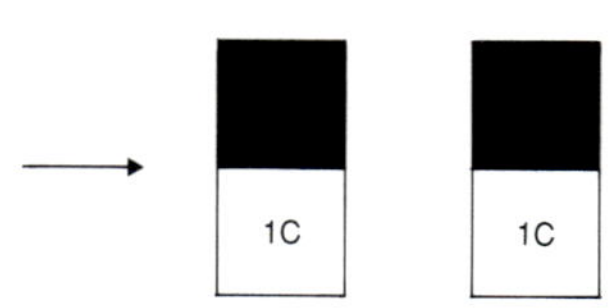

1

- Prendre une deuxième fois la première bande claire, endroit vers vous, et y assembler, endroit contre endroit, les deux carrés cousus obtenus précédemment.

- Continuer ainsi en prenant les bandes dans l'ordre, chaque couleur étant utilisée deux fois, et en tournant dans le sens inverse des aiguilles d'une montre.

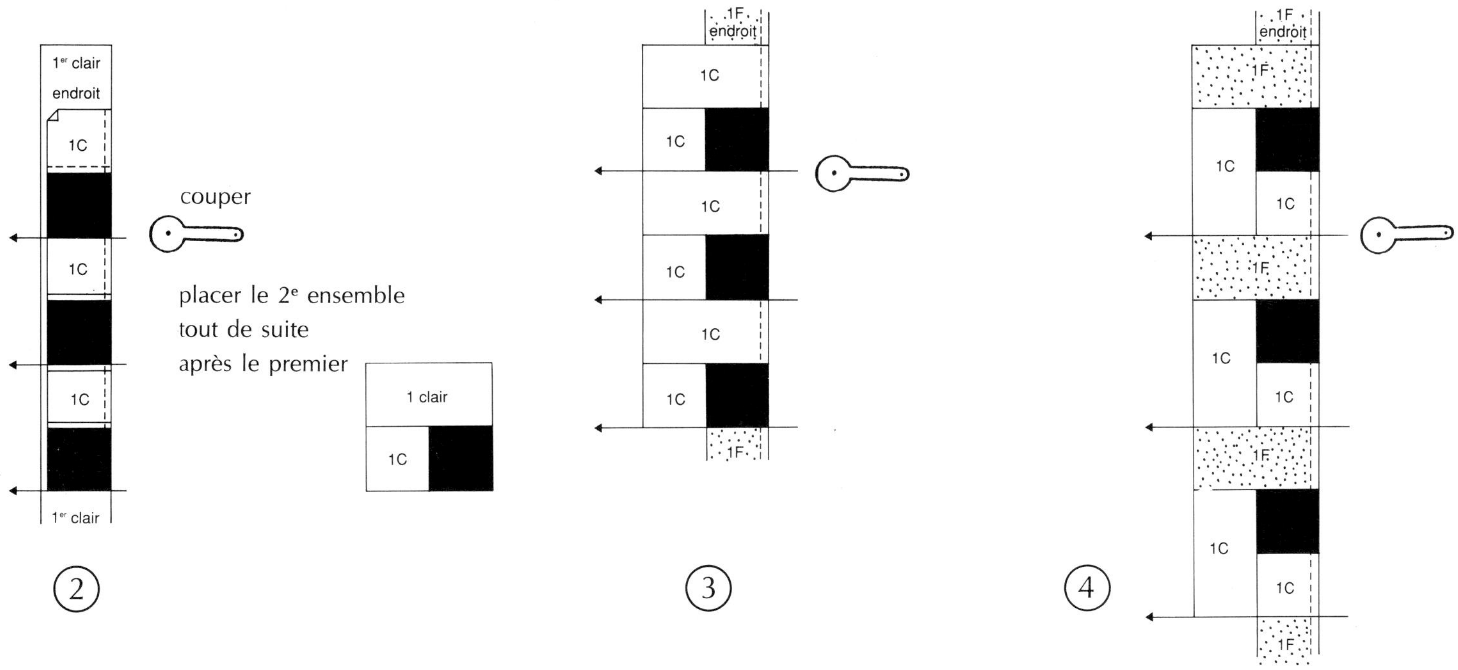

La bande qui se trouve en haut du travail est toujours sans couture

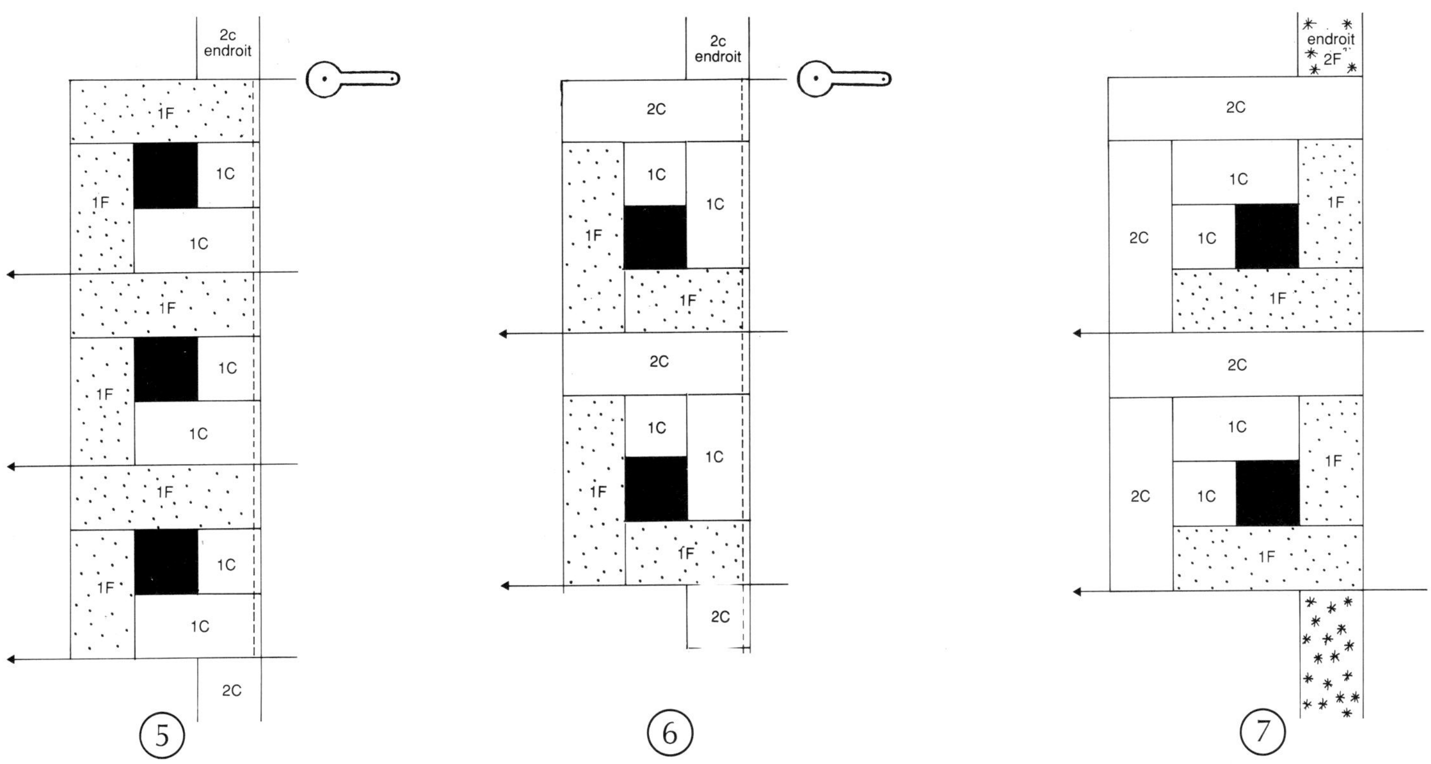

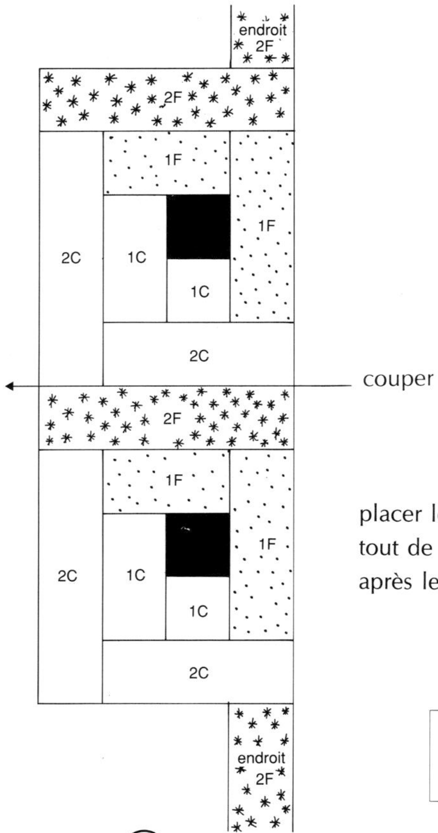

placer le 2e ensemble
tout de suite
après le premier

(8)

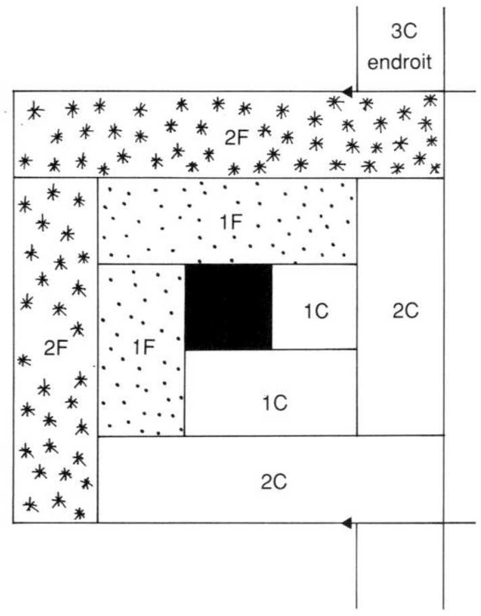

(9)

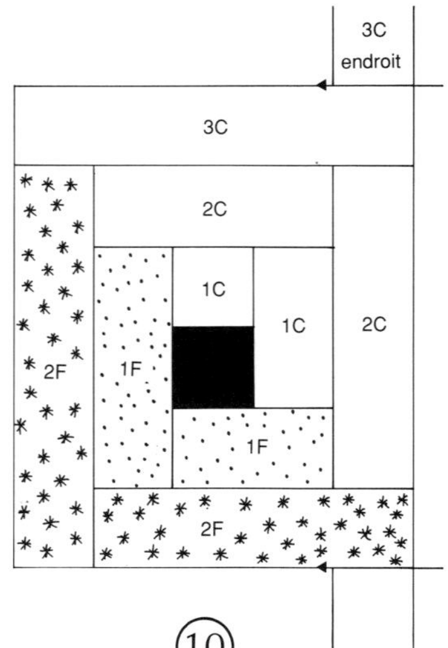

(10)

La bande qui se trouve en haut du travail est toujours sans couture

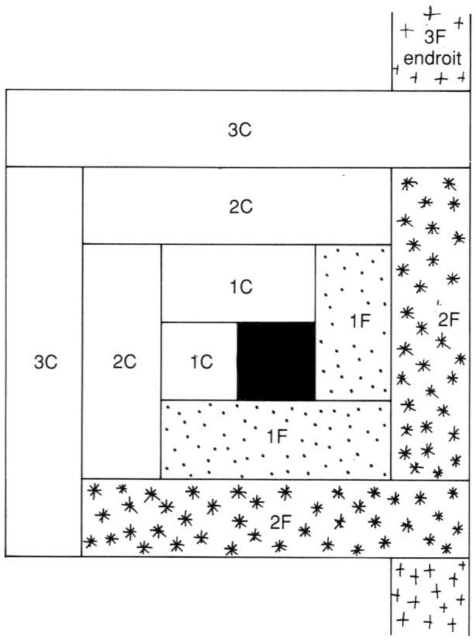

(11)

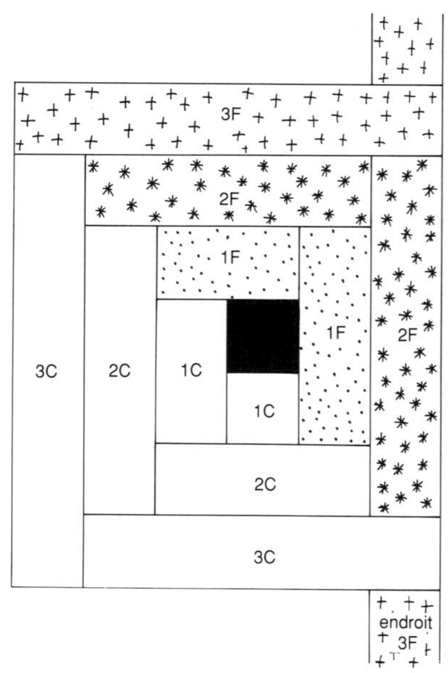

(12)

Réalisation 1

Couverture de bébé

Dimensions : 80 x 108 cm.
A faire avec 35 carrés de log cabin de 14 cm de côté.

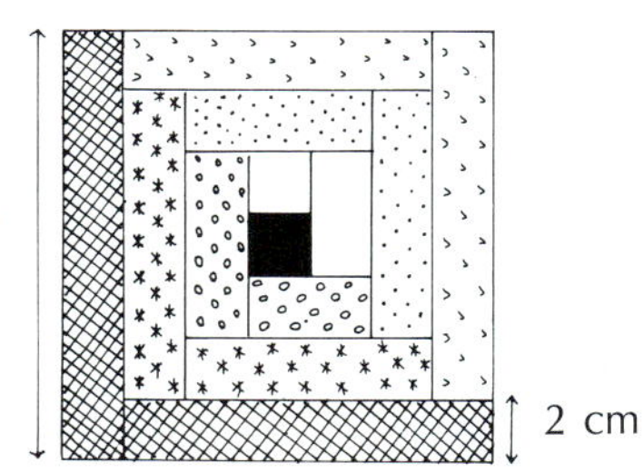

Couper des bandes de 3 cm de large :

centre : 2 bandes de 3 cm (acheter 25 cm de tissu)
1er clair : 2 bandes de 3 cm (25 cm de tissu)
2e clair : 6 bandes de 3 cm (25 cm de tissu)
3e clair : 8 bandes de 3 cm (50 cm de tissu)
1er foncé : 4 bandes de 3 cm (25 cm de tissu)
2e foncé : 7 bandes de 3 cm (25 cm de tissu)
3e foncé : 9 bandes de 3 cm (50 cm de tissu).

Dans le tissu de votre choix coupez 4 bandes de 6 cm de large pour la bordure.

Réalisation 2

Nappe carrée

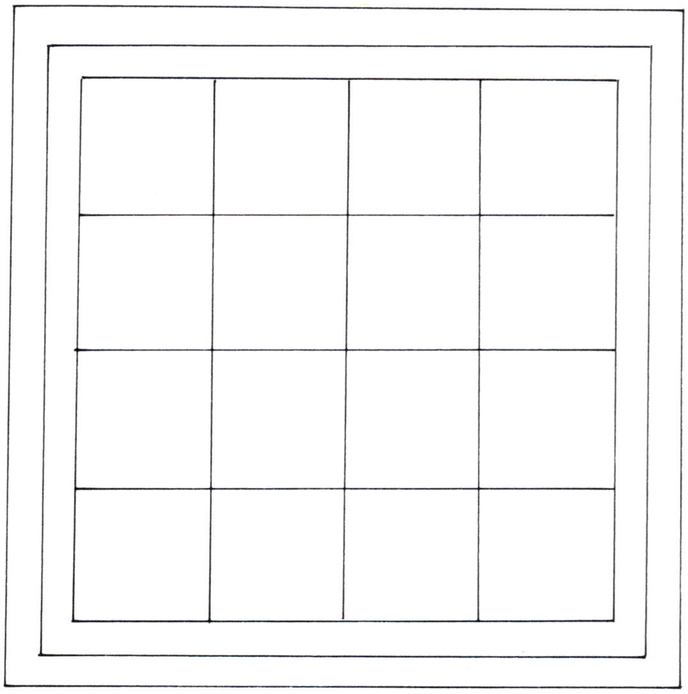

Il faut 16 carrés de log cabin comme ceux de l'exemple précédent, mais faits à partir de bandes de 6 cm de large :

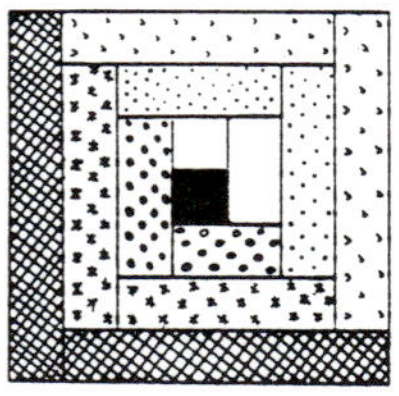

centre : 2 bandes de 6 cm (acheter 25 cm de tissu)
1er clair : 3 bandes de 6 cm (25 cm de tissu)
2e clair : 6 bandes de 6 cm (50 cm de tissu)
3e clair : 10 bandes de 6 cm (75 cm de tissu)
1er foncé : 5 bandes de 6 cm (50 cm de tissu)
2e foncé : 8 bandes de 6 cm (60 cm de tissu)
3e foncé : 11 bandes de 6 cm (75 cm de tissu).

Prévoir 50 cm de tissu de plus pour chaque bande de bordure.

Réalisation 3

Dessus de lit

Avec 20 carrés de log cabin vous ferez le plateau d'un dessus de lit pour 2 personnes. Il suffira ensuite d'ajouter la largeur de bordures nécessaires pour habiller le lit.

Couper des bandes de 6 cm de large :

centre : 2 bandes de 6 cm (acheter 25 cm de tissu)
1er clair : 3 bandes de 6 cm (30 cm de tissu)
2e clair : 7 bandes de 6 cm (50 cm de tissu)
3e clair : 12 bandes de 6 cm (80 cm de tissu)
1er foncé : 6 bandes de 6 cm (50 cm de tissu)
2e foncé : 9 bandes de 6 cm (70 cm de tissu)
3e foncé : 14 bandes de 6 cm (1 m de tissu).

Bordures pour un lit de 160 cm de large :

1re bordure : 12 cm de large — prévoir 1 m de tissu clair en plus
2e bordure : 18 cm de large — prévoir 1,80 m de tissu de couleur intermédiaire
3e bordure : 22 cm de large — prévoir 2,5 m de tissu foncé en plus

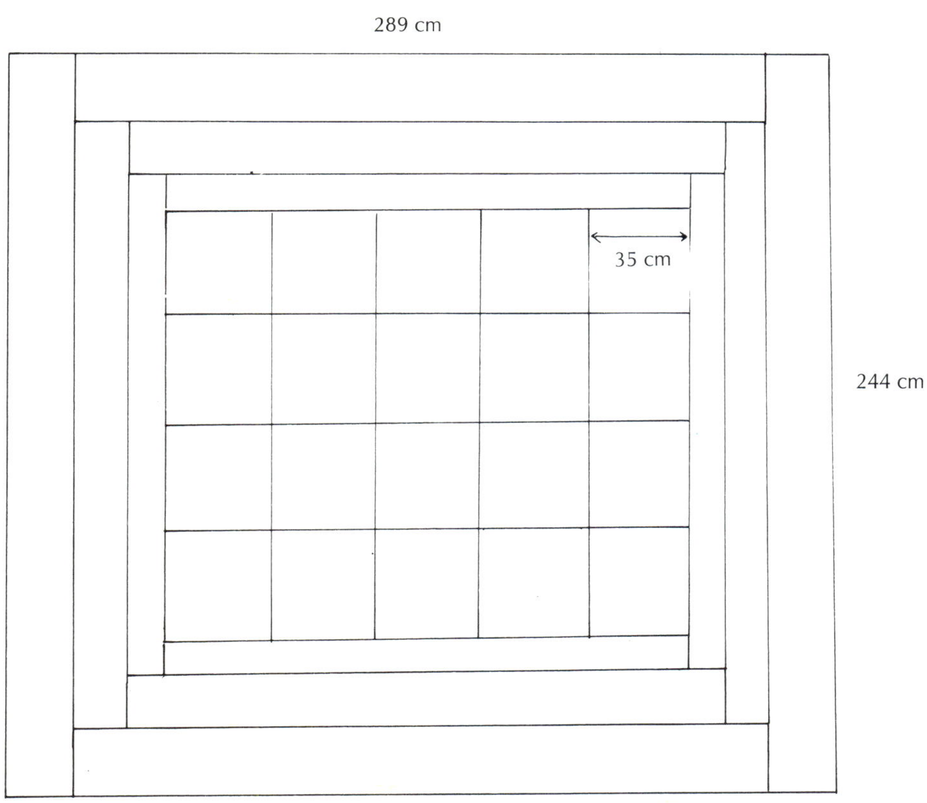

Variante : log cabin asymétrique

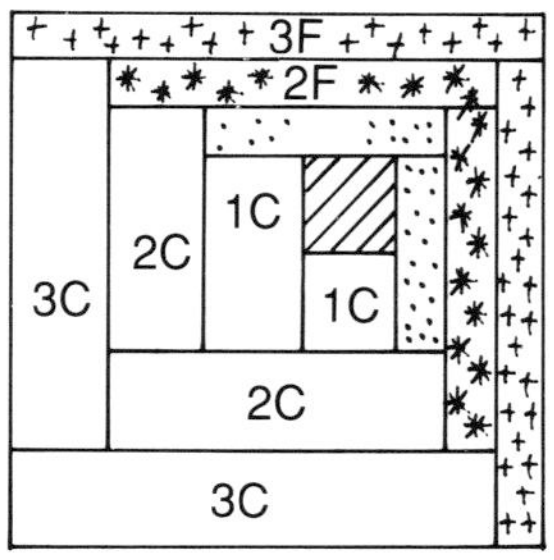

Quand les bandes de tissu foncé sont plus étroites que les bandes claires, on obtient un effet intéressant.

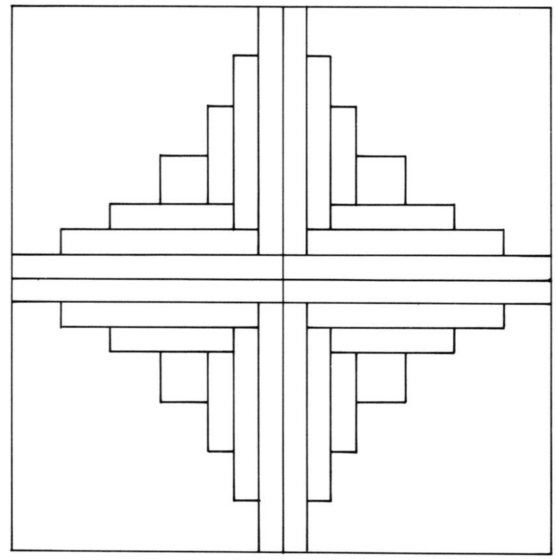

On peut remplacer le foncé par du clair et obtenir encore une autre variation. On obtient aussi des résultats très différents suivant que les bandes les plus larges sont placées ou non au centre de l'ouvrage.

Réalisation

Panneau mural

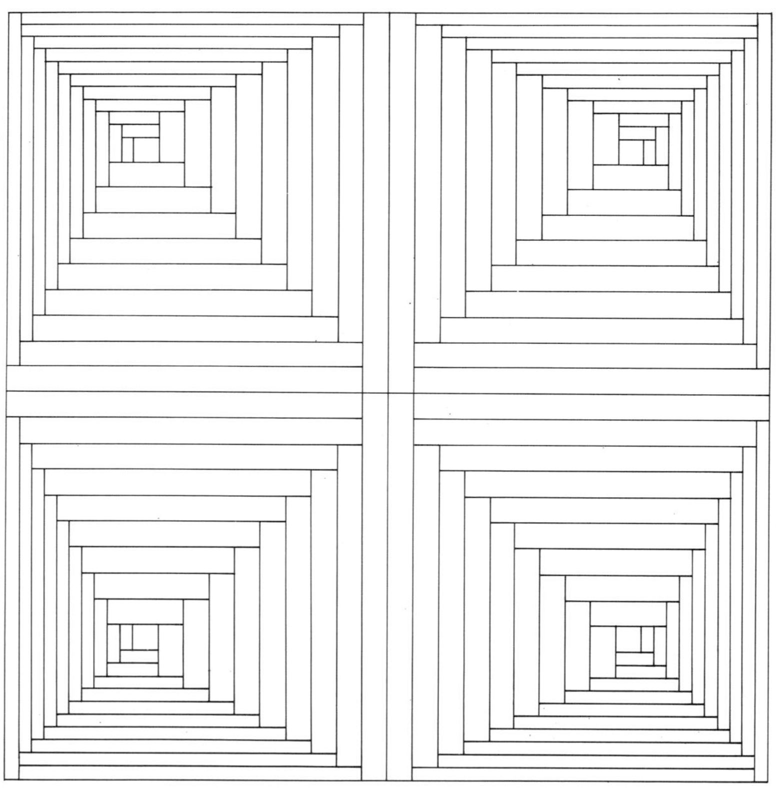

Les bandes colorées du centre ont 2 cm de large sur l'ouvrage terminé (coupées avec 1 cm de plus pour les coutures).
Les bandes écrues à l'extérieur ont 1 cm (coupées avec 1 cm de plus pour les coutures).

Construire 4 blocs avec ces bandes de largeurs différentes en utilisant la technique expliquée dans les pages précédentes.

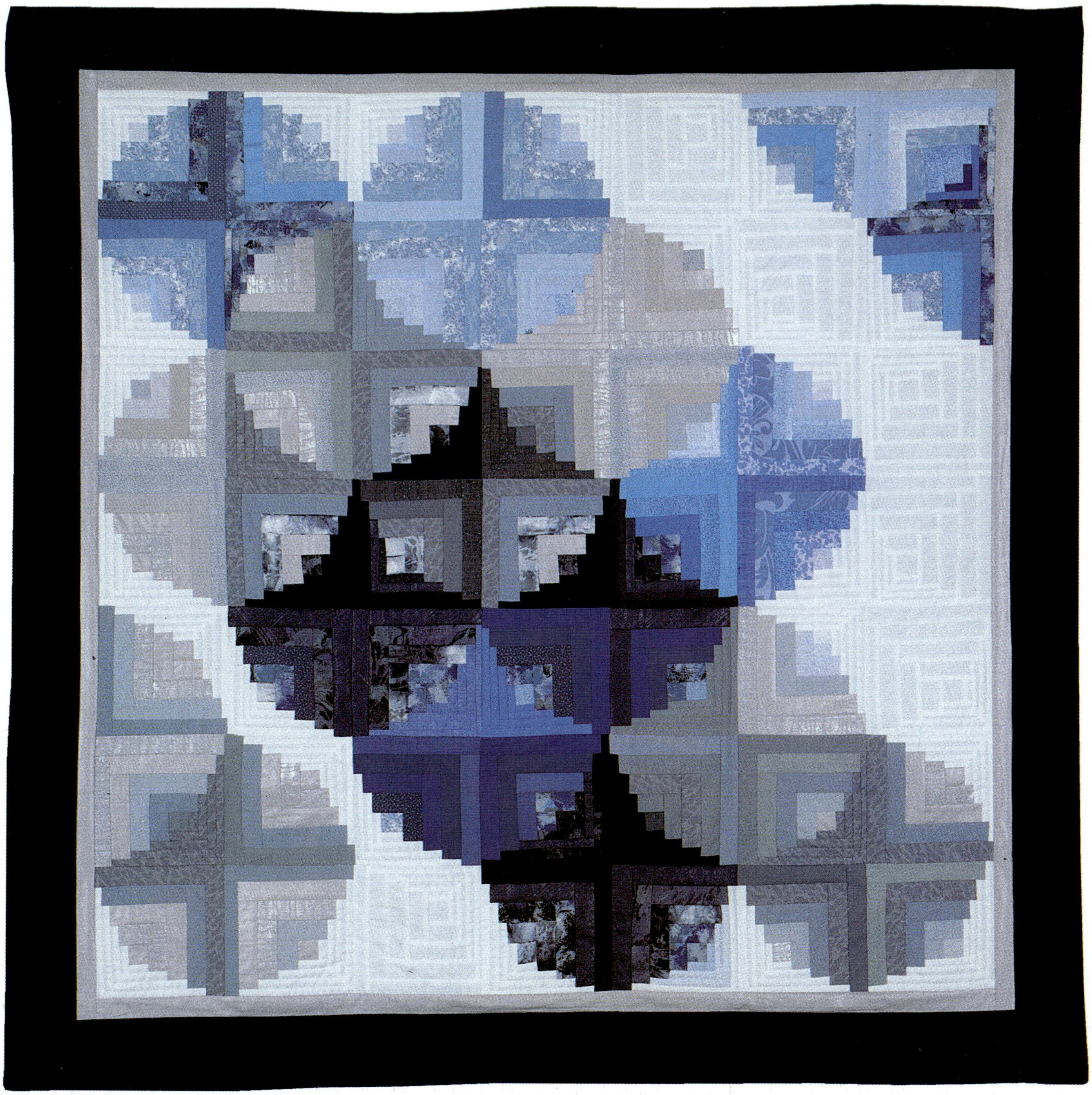

LOG CABIN SIMPLIFIÉ ou décentré

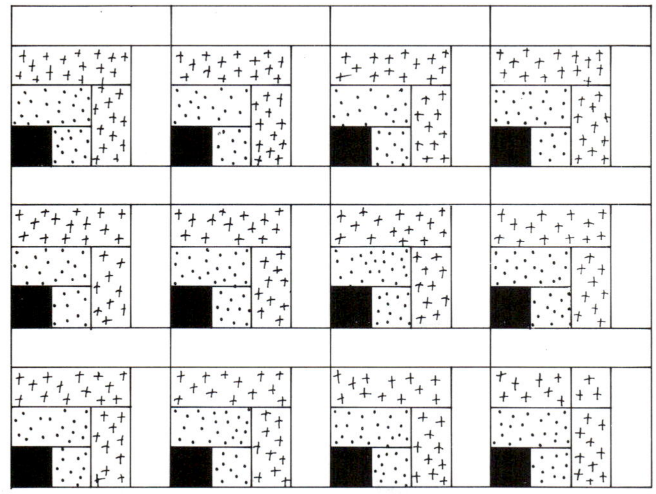

L'élément de base

Le carré foncé se trouve dans l'angle du bloc, on ne va donc coudre les bandes que sur 2 côtés.

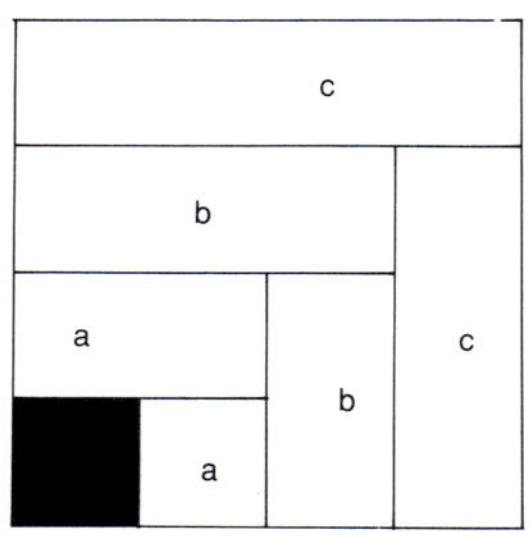

Commencer comme pour le log cabin traditionnel.

- Découper des bandes de tissu de la largeur voulue, en ajoutant 0,5 cm x 2 pour les coutures.

- Coudre la bande du centre avec la première bande de couleur a en réglant la machine sur un point serré.

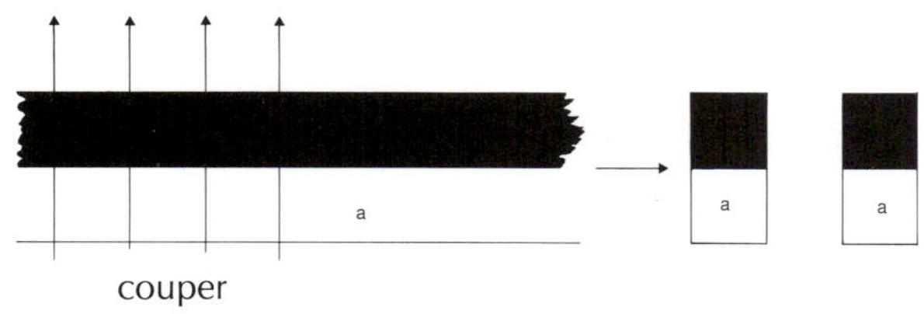

- Couper la bande obtenue en segments de la même largeur que les bandes initiales, autant de segments que vous désirez obtenir de carrés.

- Prendre une 2e bande de la même couleur a et la coudre, endroit contre endroit, avec les 2 carrés joints obtenus précédemment, comme indiqué sur la figure ci-dessous.

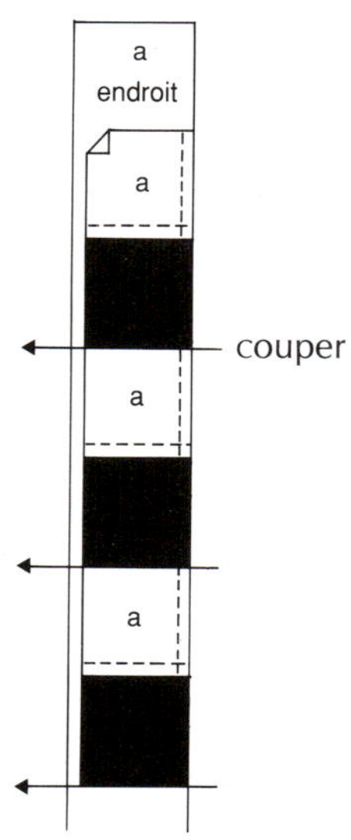

Placer les ensembles de 2 carrés endroit contre endroit sur la bande a et côte à côte.

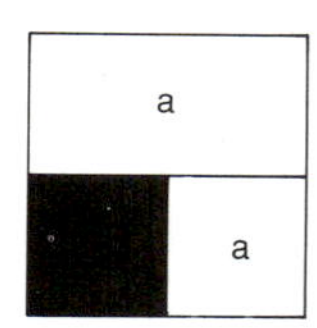

- Coudre les carrés obtenus de la même façon sur une bande de couleur b en les plaçant sur cette bande endroit contre endroit. Le carré du centre doit se trouver toujours à l'extérieur et en bas.

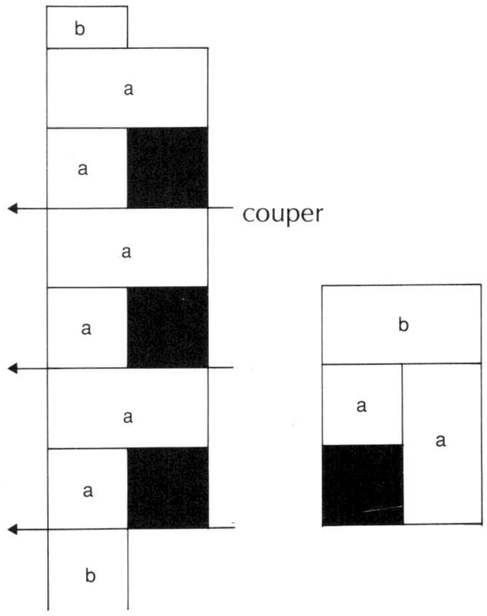

- Continuer ainsi avec la couleur suivante et utiliser celle-ci 2 fois.

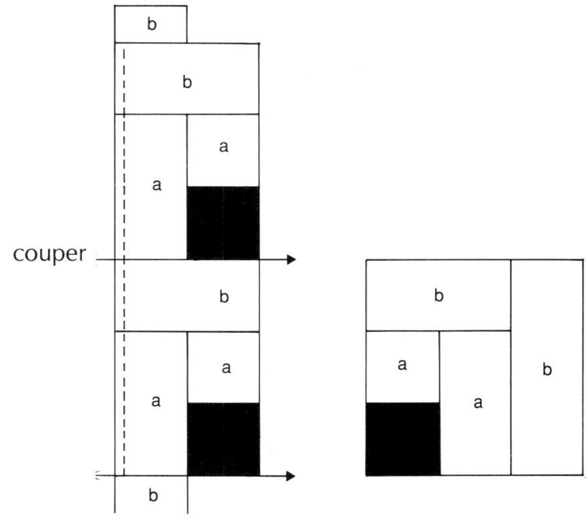

Réalisation

Panneau mural

(Photo p. 65)

Le grand carré fini fait 16 cm de côté, et 22, 6 cm sur sa diagonale.

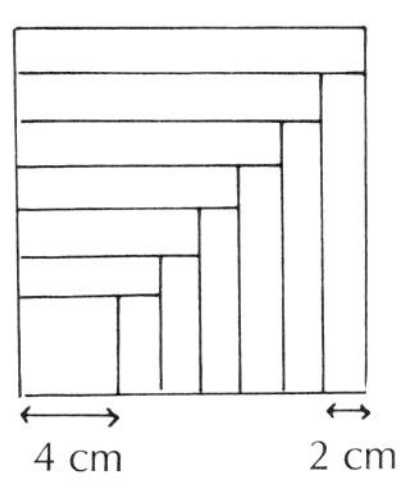

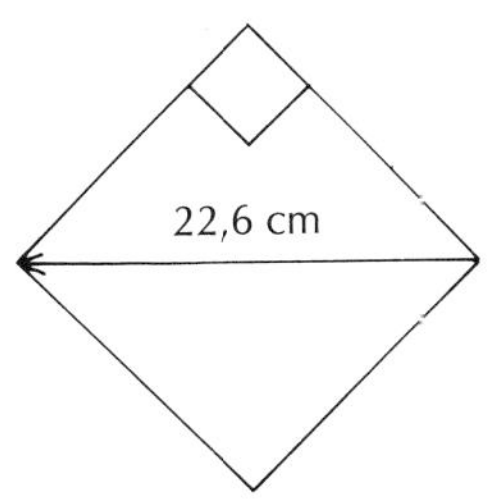

Couper une bande de 5 cm pour le centre.
Toutes les autres bandes ont 3 cm de large
Pour le montage en diagonale, il vous faut 25 carrés complets, 12 demi-carrés et 4 petits triangles pour les coins.

Pour les bordures il vous faudra :

De la même couleur que le carré central : 4 bandes de 5 cm de large sur 1 m de long.
Petite bande blanche : 4 bandes de 3 cm de large sur 120 cm de long
Bordure extérieure : 4 bandes de 9 cm de large sur 120 cm de long.

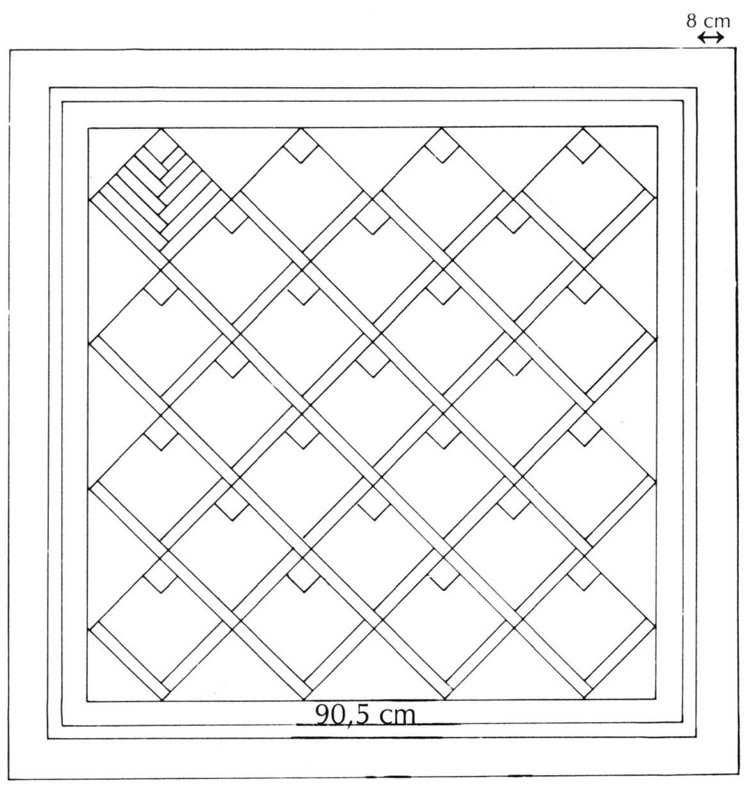

TORSADES

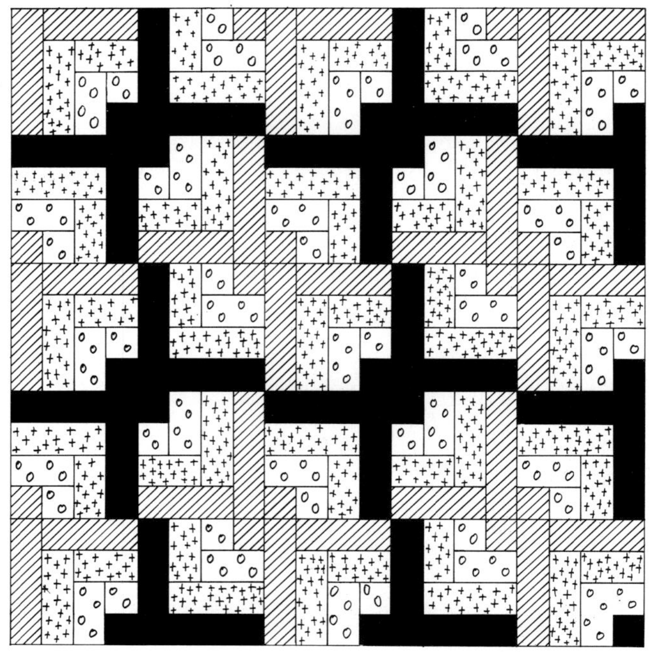

Ce modèle est une variation de log cabin, on utilisera donc la même technique pour le réaliser.
Il est formé de 2 sortes de blocs de log cabin décentré dans lesquels les tissus foncés sont inversés.
L'effet de torsades est donné par l'alternance de ces blocs et la façon de les orienter.

Il faut 4 tissus différents :

1  très foncé

2 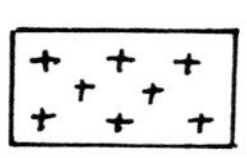 moyen

3 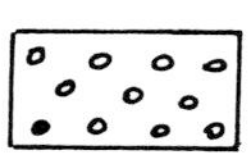 très clair

4 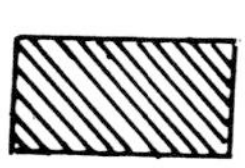 foncé

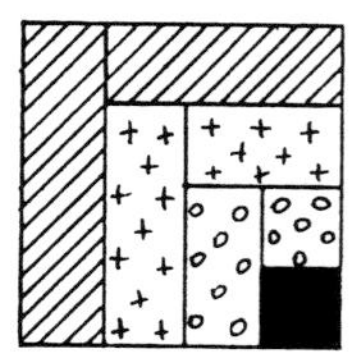

1er bloc A

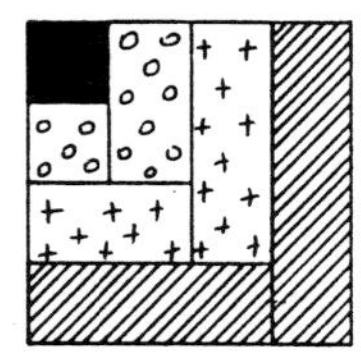

1er bloc retourné Ar

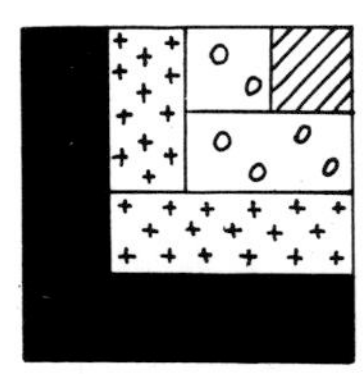

2e bloc B

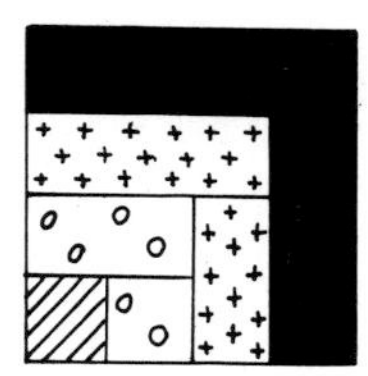

2e bloc retourné Br

On constate que les tissus foncés 1 et 4 sont inversés, mais les tissus clairs restent à la même place.

Arrangement des blocs :

1re rangée

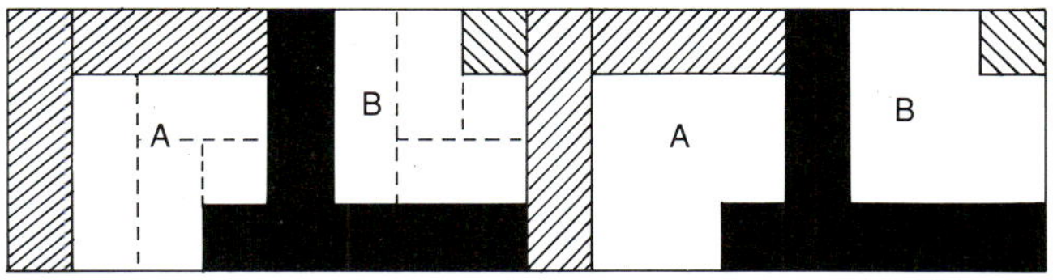

2e rangée

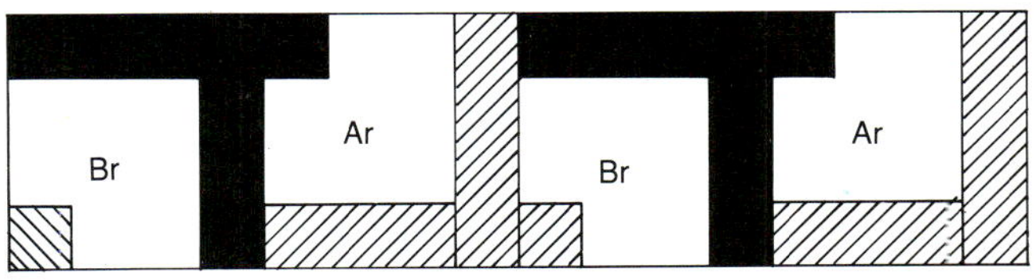

La 3e rangée est identique à la 1re ainsi que toutes les rangées impaires, 5, 7, etc.

3e rangée

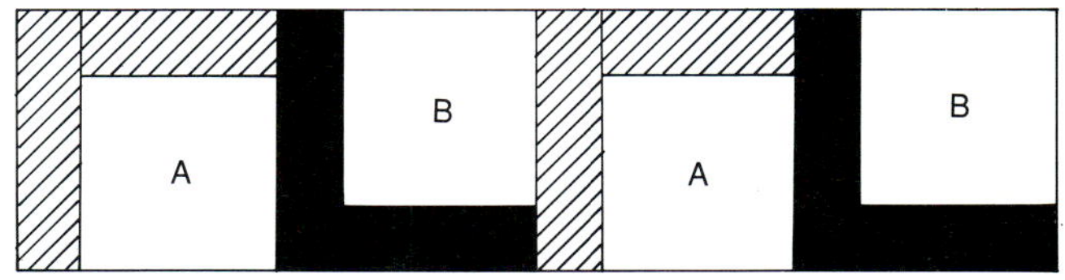

4e rangée

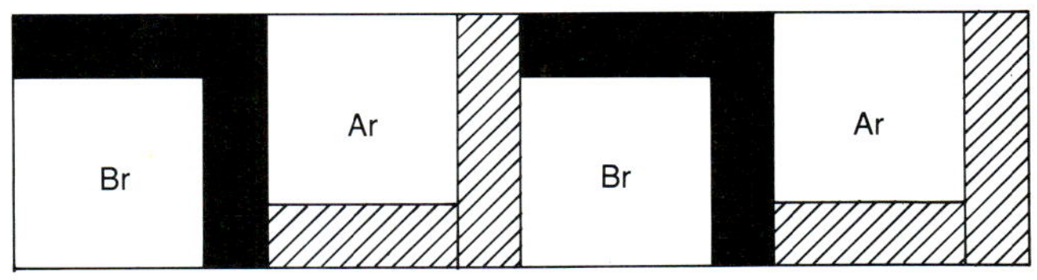

La 4e rangée est identique à la 2e, ainsi que toutes les rangées paires, 6, 8, 10, etc.

Ce motif est très joli si on le dispose en diagonale. Il faut aussi travailler par rangée.

Verticalement, les blocs se retrouveront toujours dans le même ordre.

Horizontalement, les rangées seront inégales et terminées par des triangles taillés de préférence dans le tissu le plus clair.

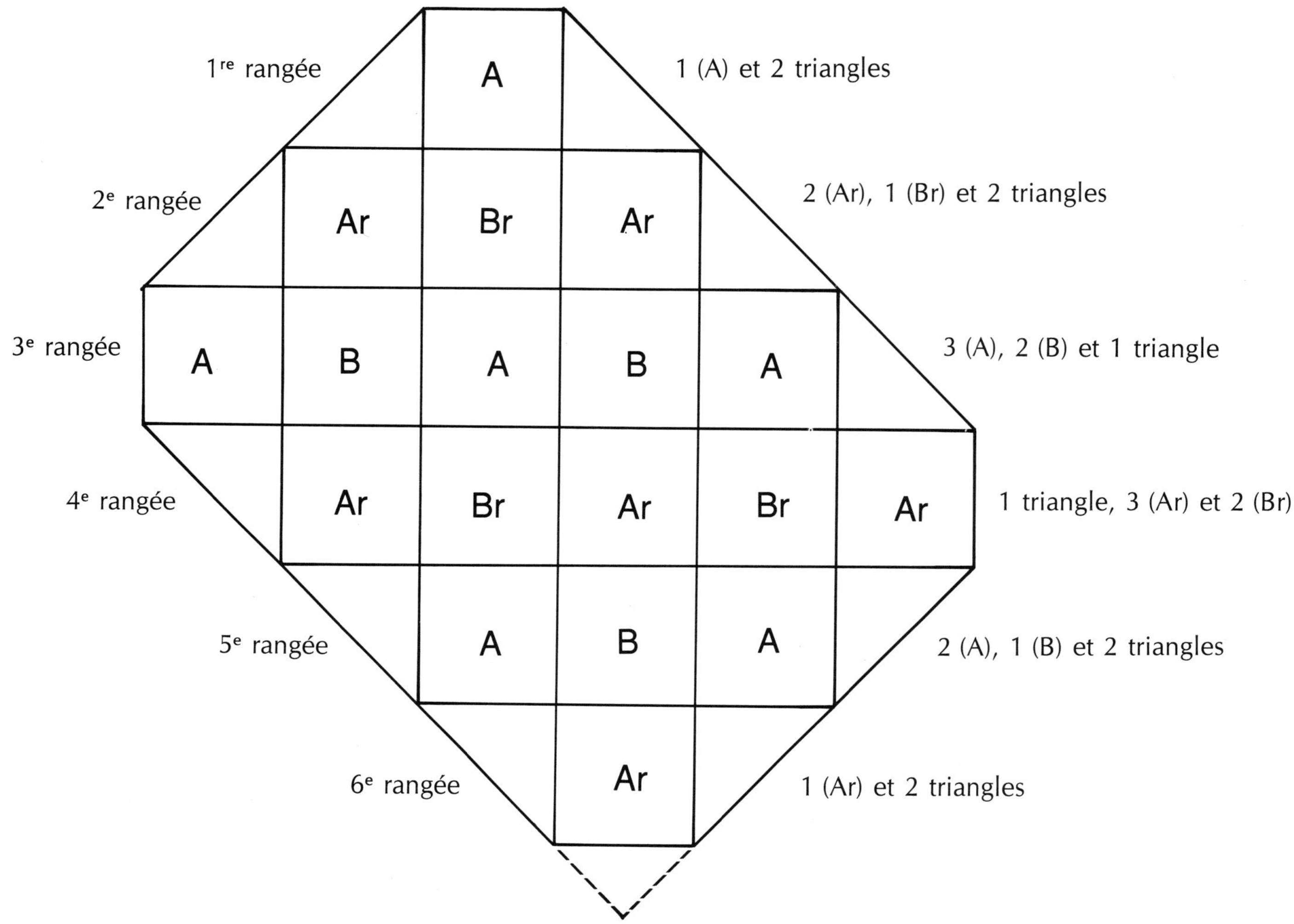

On peut soit garder les angles coupés, soit compléter le rectangle avec un petit triangle à chaque coin.

Attention : Bien compter les blocs (A) et (B) car il n'y en a jamais la même quantité.
Dans l'exemple ci-dessus on utilise 12 (A) et 6 (B).

Réalisation

Dessus de lit pour une personne

Il faudra préparer

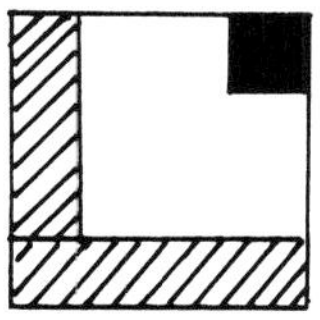
28 blocs (A)

18 blocs (B)

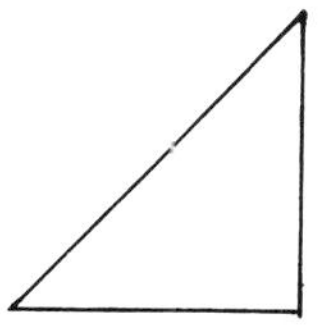
et 18 triangles

Quantités de tissu nécessaire (bordures comprises) :

n° 1 : 1,30 m
n° 2 : 1,30 m
n° 3 : 1,10 m
n° 4 : 80 cm

Couper des bandes de 6 cm (le nombre dépendra de la largeur des tissus utilisés).

Nous ne donnons ici que des chiffres approximatifs :

prévoir 9 bandes de tissu n° 1 (très foncé)
13 bandes de tissu n° 2 (moyen)
9 bandes de tissu n° 3 (très clair)
13 bandes de tissu n° 4 (foncé)
18 triangles de 23 cm de côté coupés dans le tissu n° 3.

Les bandes pour les bordures seront découpées quand l'ouvrage sera assemblé : on peut prévoir une bordure de 6 cm et une 2e de 10 cm suivant la largeur que l'on désire donner à ce dessus de lit.

(Photos p. 10, 69)

ANANAS

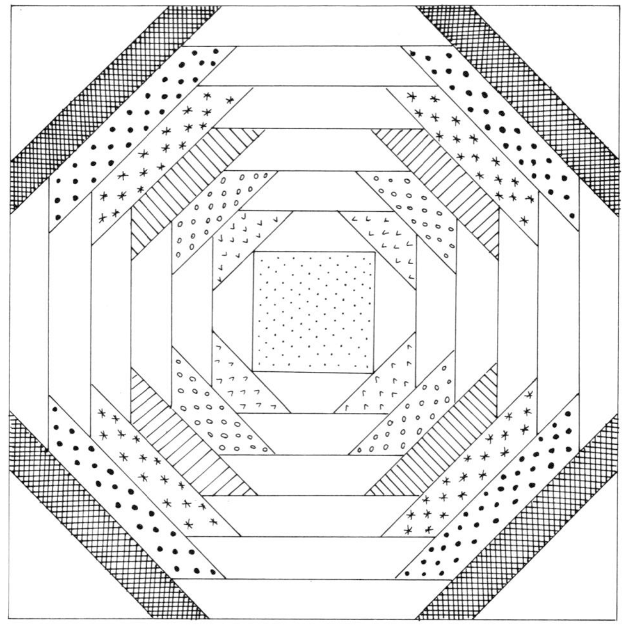

- Découper :

  des bandes de tissu imprimé,
  des bandes de tissu uni,
  un carré de tissu uni ou imprimé pour le centre du bloc.

- Plier le carré central en 4 pour marquer les médianes et les diagonales.

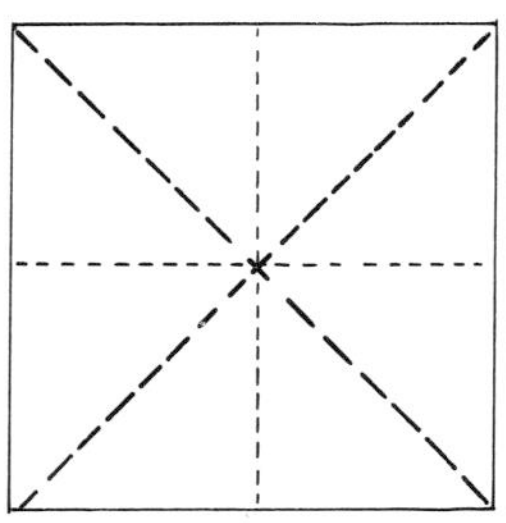

- Coudre une bande de tissu uni sur un côté du carré en laissant 1 cm de marge au début.

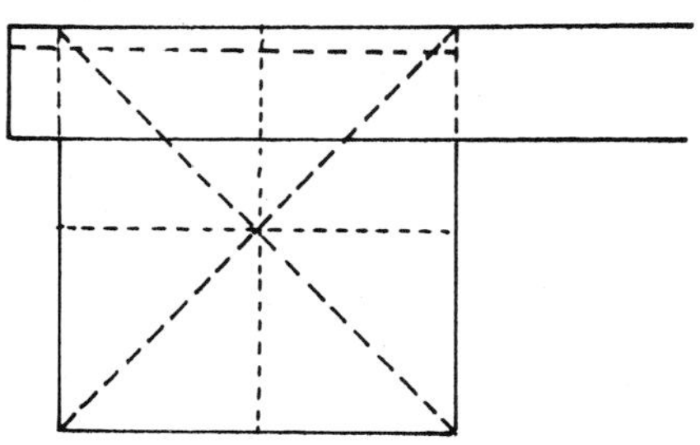

Coucher la couture sur le carré.

- Placer la règle comme l'indique le croquis, en superposant la ligne marquant l'angle de 45° et la pliure (médiane) du carré, les bords de la règle dépassant de 1 cm de chaque côté de celui-ci.

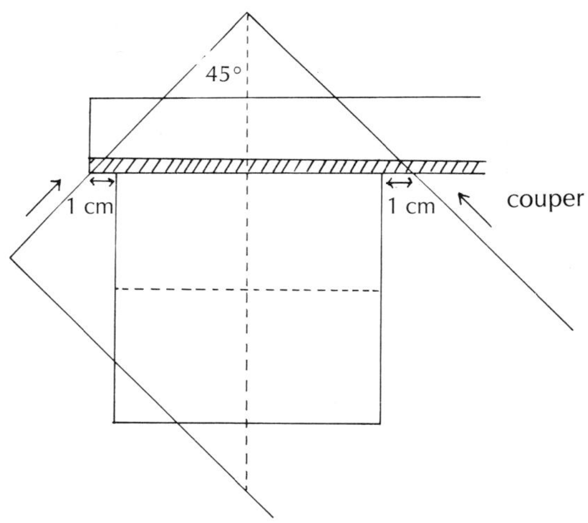

Couper (il existe une petite règle carrée très pratique pour exécuter ce travail).

- Continuer en cousant et coupant de cette façon sur les 3 autres côtés du carré, afin d'obtenir cette figure.

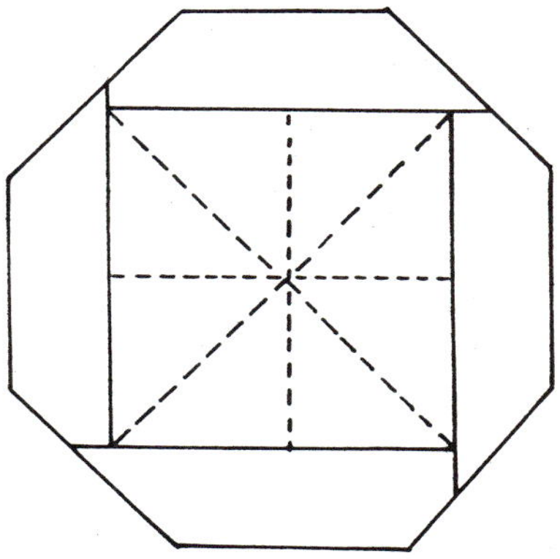

- Coudre une bande de tissu imprimé sur chacun des 4 côtés en biais.

Pour chaque bande, couper en plaçant maintenant le trait de l'angle de 45° sur la diagonale du carré central et les côtés de la règle dans le prolongement des bandes unies.

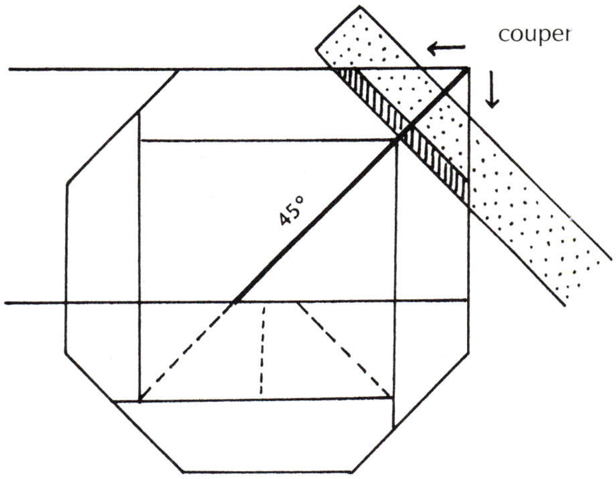

- Continuer ainsi jusqu'à obtenir la dimension désirée.

Toutes les bandes unies sont recoupées en plaçant la ligne de l'angle de 45° sur la médiane du carré et les côtés de la règle dans le prolongement des dernières bandes cousues.

Toutes les bandes imprimées sont recoupées en plaçant la ligne de l'angle de 45° sur la diagonale du carré.

- Pour transformer l'octogone en carré, il suffit de coudre un petit triangle rectangle à chaque angle.

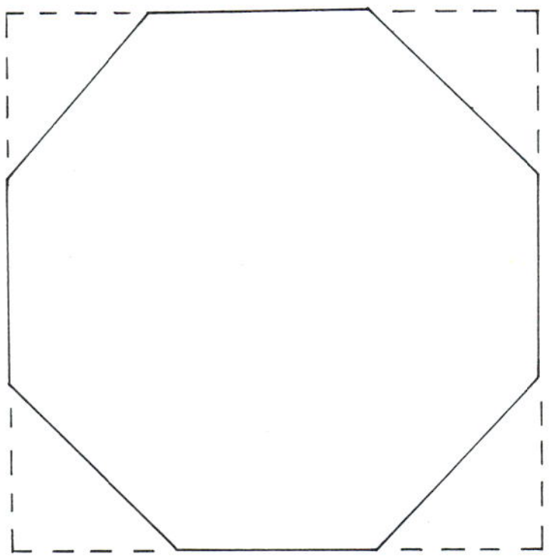

ASSEMBLAGE DE **TRIANGLES**

Première méthode

Cette méthode pour découper les triangles permet de gagner énormément de temps, elle a aussi un gros avantage : elle permet de travailler le biais sans problème de déformation. (Merci à Barbara Johannah pour son idée géniale).

Déterminer la taille des triangles

Il s'agit ici de triangles obtenus en partageant un carré par sa diagonale. On prévoit pour les coutures 0,7 cm sur la diagonale et 0,5 cm sur les autres côtés du triangle.

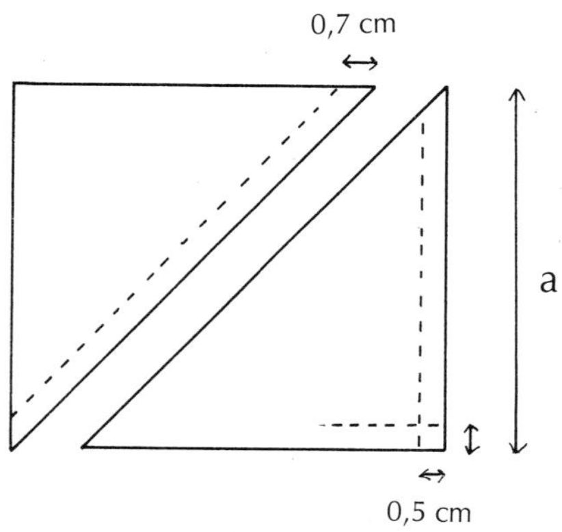

Sur la figure, (a) représente le côté du triangle sur l'ouvrage terminé augmenté de 2 cm pour les coutures.
Une fois que vous connaissez cette mesure, calculez le nombre de triangles dont vous aurez besoin.

Supposons que vous ayez besoin de 32 triangles, 2 triangles accolés formant un carré, il vous faudra 16 carrés.

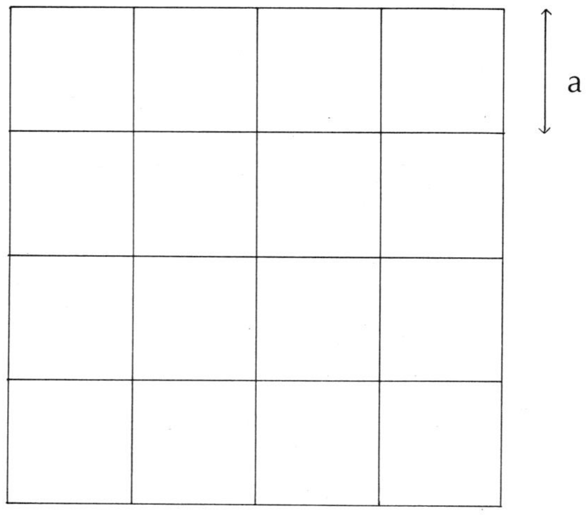

- Découper 2 carrés dans des tissus différents, de côté 4 a + une marge. Prendre le tissu le plus clair et le placer au-dessus.

- Bâtir les deux tissus ensemble endroit contre endroit. Bâtir solidement pour éviter les déformations au moment de la couture.

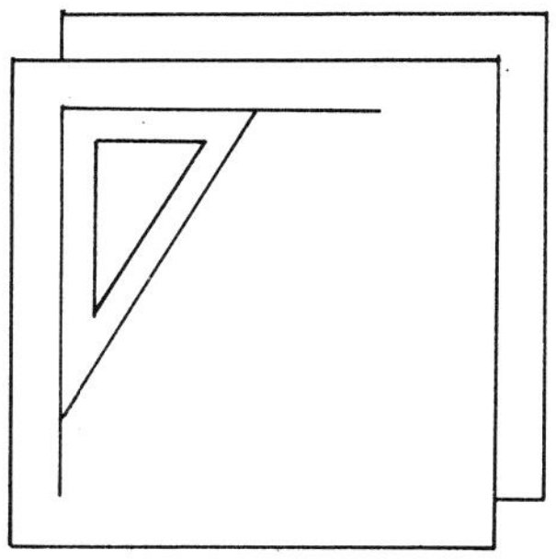

- Tracer deux perpendiculaires dans l'angle supérieur du tissu, le plus haut possible.
A partir de ces deux perpendiculaires, tracer une grille formée de 16 carrés de côté (a).

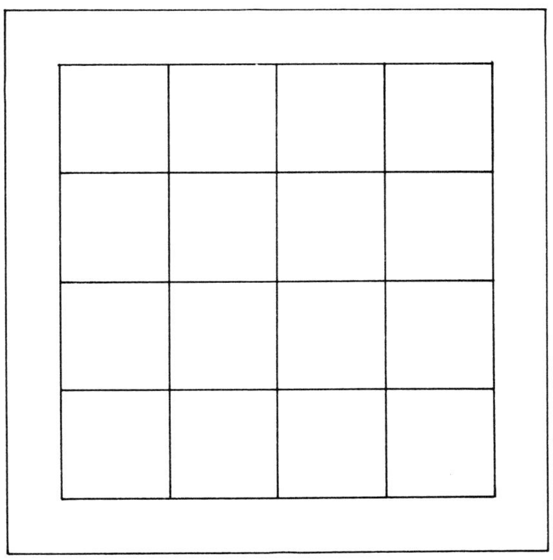

- Tracer les diagonales.

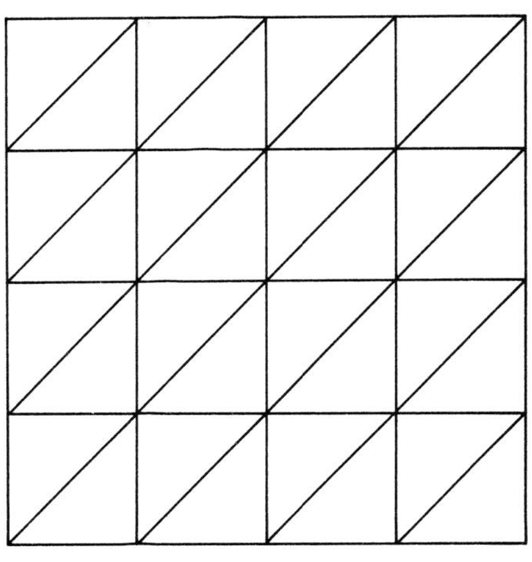

- Les deux tissus étant bien maintenus ensemble, vous allez coudre en utilisant votre pied de biche comme guide de chaque côté des diagonales.

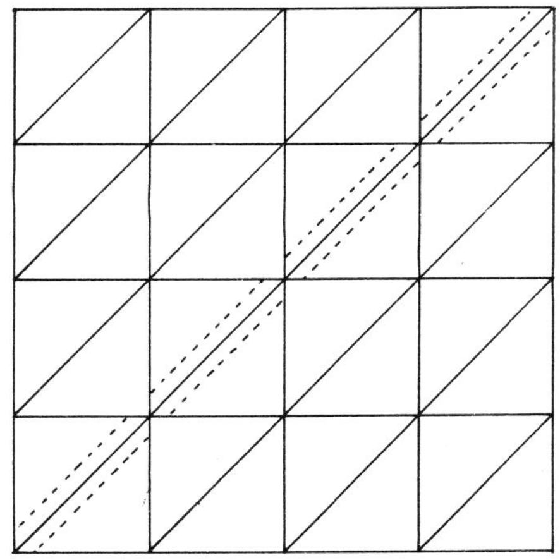

Si vous ne vous sentez pas sûre, tracez la ligne de couture à 1/2 cm de la diagonale.

MAIS ATTENTION !

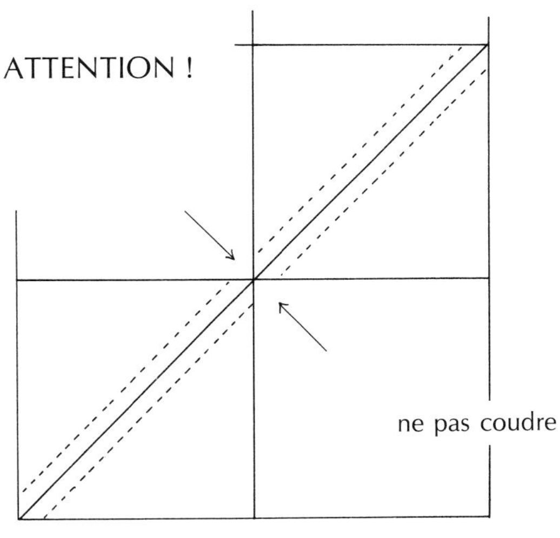

Levez juste le pied de biche et reprenez la couture à la base du triangle suivant.

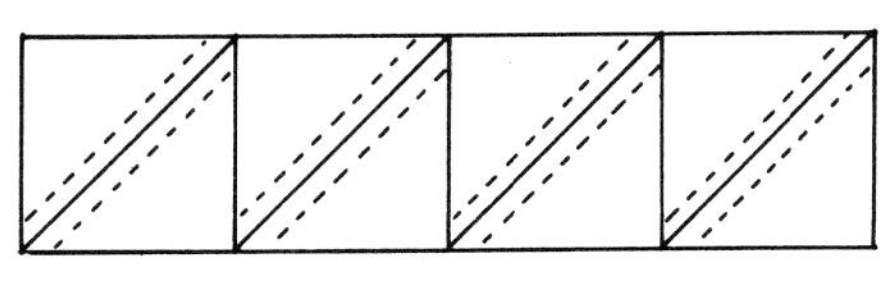

- Repasser le carré pour l'aplatir avant de le couper et rectifiez les déformations qui auraient pu se produire après la couture des biais.

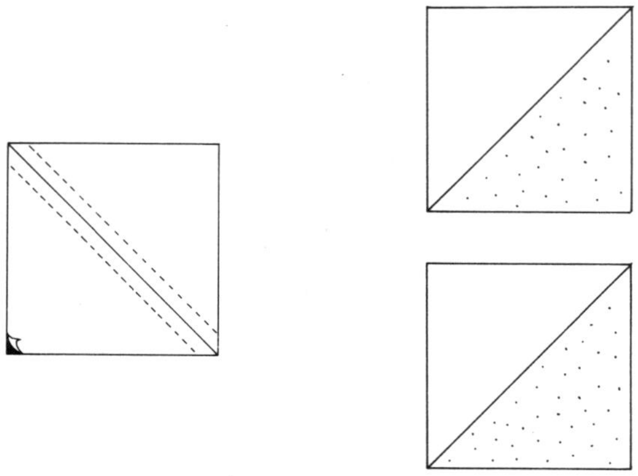

- Repasser la couture du plus clair vers le plus foncé.

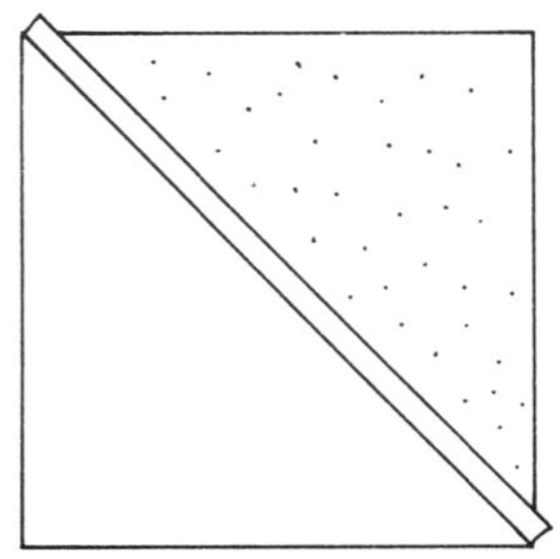

Important : vérifier la taille des carrés obtenus.

Deuxième méthode

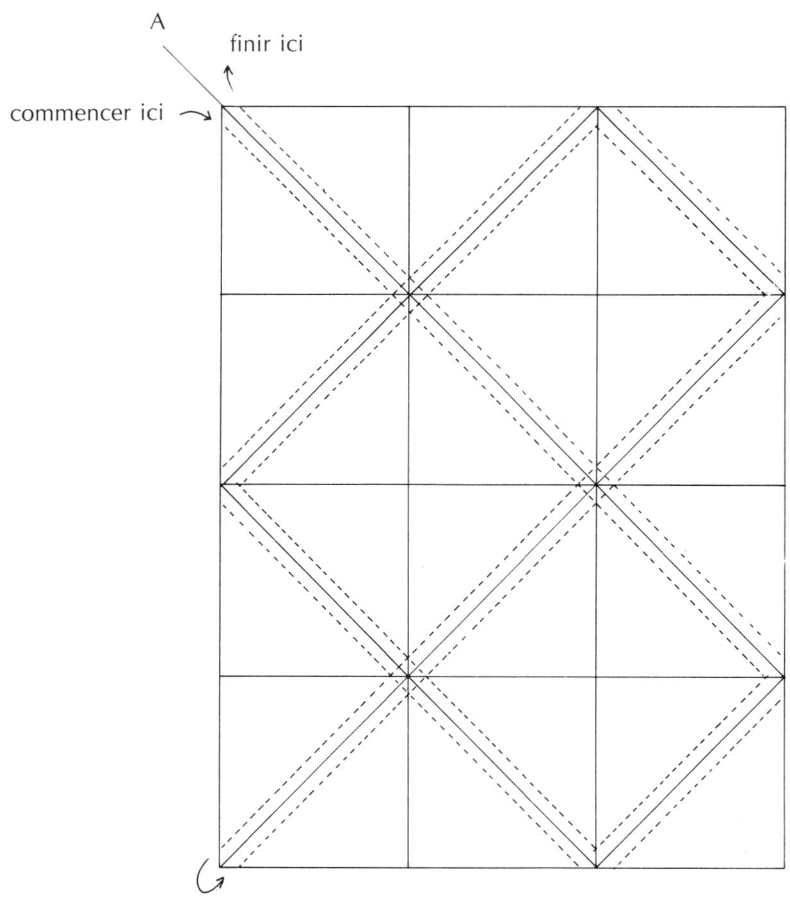

C'est une autre méthode qui utilise les mêmes calculs, les mêmes tracés que la méthode précédente, mais qui diffère dans la manière de piquer à la machine. Vous choisirez celle que vous préférez.

- Tracez le quadrillage et ensuite la ligne A. Piquez ensuite de part et d'autre de cette ligne en suivant le sens indiqué par la flèche.

  L'avantage de cette méthode est que la couture machine est continue.

- Pour couper, repasser, procédez comme dans la première méthode.

Réalisation

Panneau mural

Il faut 70 carrés bicolores : 35 rose et noir et 35 violet et noir.

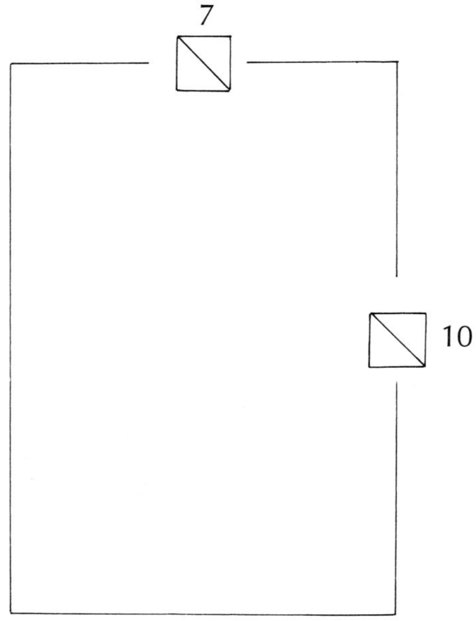

Découper 40 carrés de chaque sorte pour pouvoir éliminer ceux qui ne seraient pas parfaitement réguliers.

En partant de carrés de 8,5 cm de côté, les triangles obtenus ont 7,3 cm de côté sur l'ouvrage terminé.

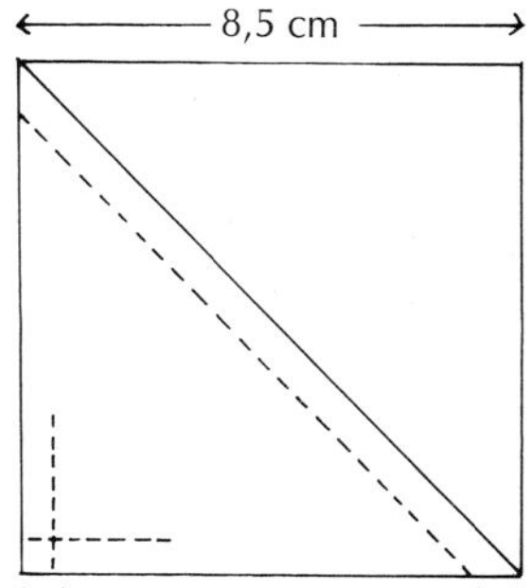

Découper 4 rectangles : 2 rectangles noirs
1 rectangle violet
1 rectangle rose
de 34 x 42, 5 cm

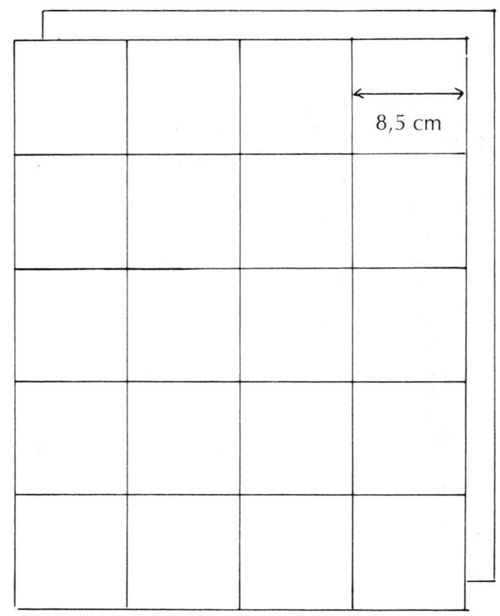

- Tracer les carrés puis les diagonales sur le tissu clair.
- Placer endroit contre endroit 1 carré noir et 1 carré de couleur.
- Bâtir sur le côté foncé.
- Coudre comme indiqué dans le chapitre précédent
- Repasser avant de couper.
- Couper.
- Repasser ensuite les coutures du plus clair sur le plus foncé.

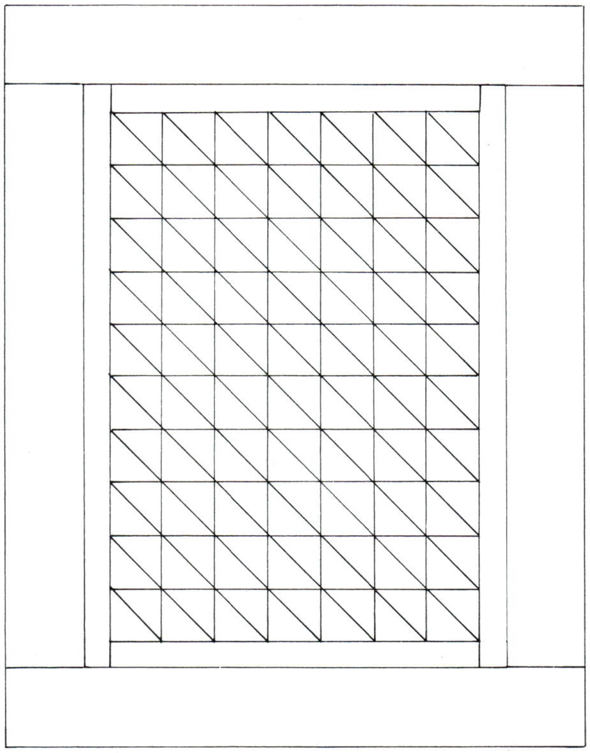

- Assembler les carrés en bandes et les bandes entre elles.
- Couper les bandes de bordure et les coudre suivant le schéma.

Détail du matelassage des bordures.

MÉDAILLON

Réalisation

Panneau mural ou nappe

Tissu blanc : 1,60 m en 140
Couper :
1 carré de 31 x 31 cm,
4 triangles de 37 cm de côté + 1,2 cm pour les coutures,
pour la bande blanche de bordure : 2 bandes de 8 cm de large x 97 cm de long et 2 bandes de 8 cm de large sur 112 cm,
et pour les petits triangles, 5 rectangles de 47 x 42 cm

Tissu gris : 1,50 m en 140
Couper :
4 triangles de 24 cm de côté + 1,2 cm pour les coutures,
pour la bande de bordure : 2 bandes de 8 cm x 80 cm et 2 bandes de 8 cm × 93 cm,
et pour les petits triangles, 5 rectangles de 47 x 42 cm

Les petits triangles sont réalisés de la façon suivante :

il faut 440 petits carrés.

- Préparez 5 plaques (rectangles de tissu gris et tissu blanc superposés endroit contre endroit) de 45 x 40,5 cm.

tissus gris + tissu blanc

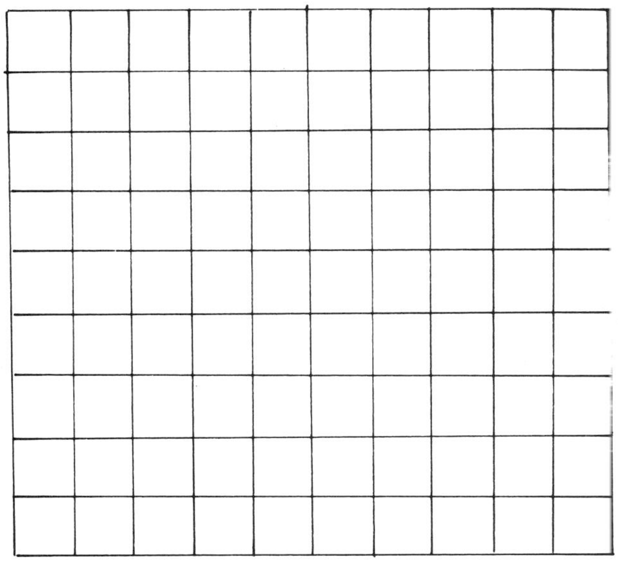

9 carrés
=40,5 cm

10 carrés=45 cm

- Assembler ensuite les carrés bicolores en bandes

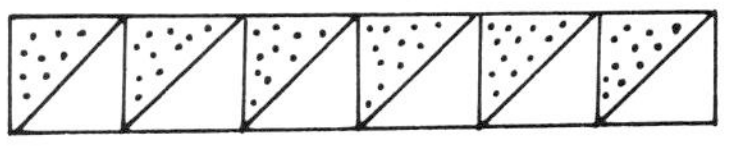

- Monter le panneau suivant le schéma ci-dessus

VAISSELLE BRISEE

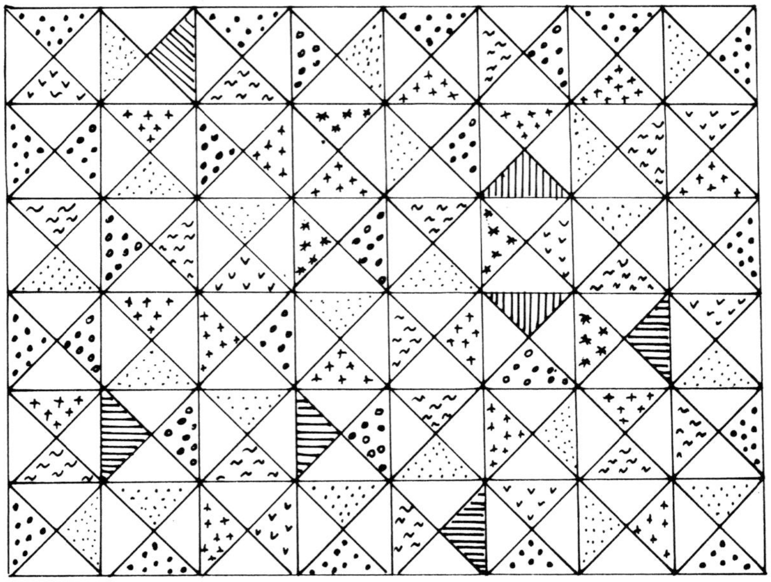

C'est ici une disposition encore différente des carrés bicolores.
Ce modèle est réalisé à partir d'un tissu uni et de nombreux tissus imprimés.

- Quadriller un certain nombre de rectangles de tissu uni et préparer les carrés bicolores en utilisant une des méthodes présentées dans les pages précédentes.
- Monter l'ouvrage ligne par ligne comme l'indique le croquis suivant, en commençant par un angle.

Remarque : les carrés sont disposés de la même façon dans les 1re, 3e, 5e et toutes les lignes impaires, et d'une autre façon dans les 2e, 4e et toutes les lignes paires.

- Terminer chaque ligne par deux triangles découpés dans des carrés légèrement plus grands que ceux du quadrillage.

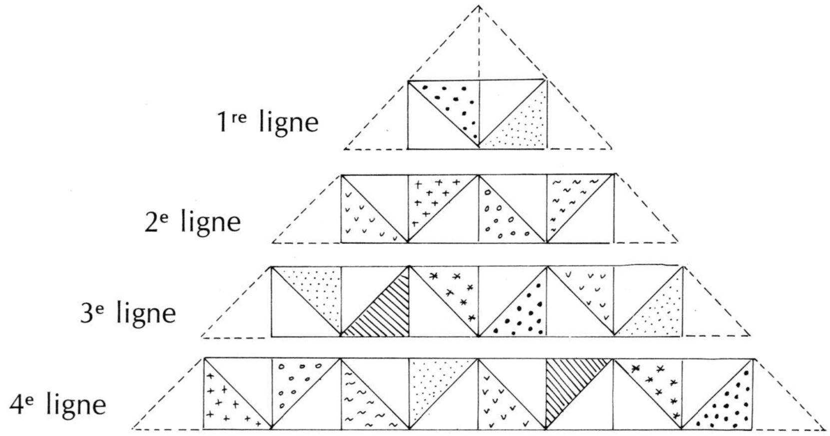

Dans l'exemple photographié, le quadrillage est fait à 6 cm et les triangles de bout de ligne sont découpés dans des carrés de 7 cm.

MOULINS A VENT

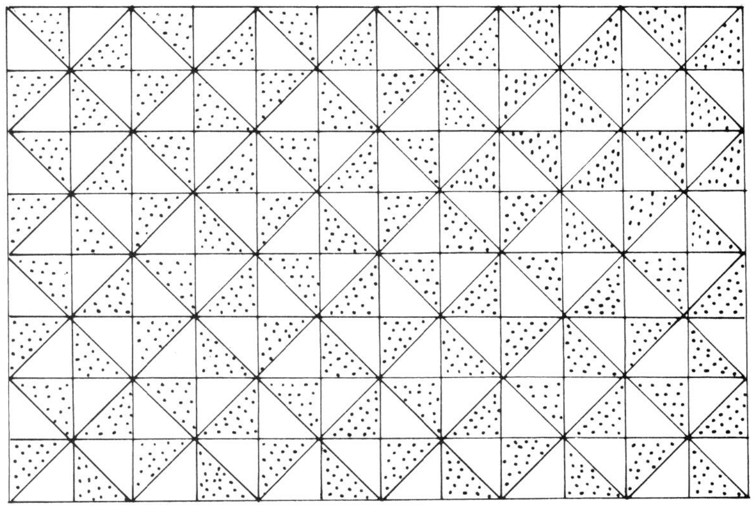

Se reporter aux pages 74 à 76 pour préparer des petits carrés bicolores en suivant une des deux méthodes présentées.

Il faut 4 carrés identiques par moulin.

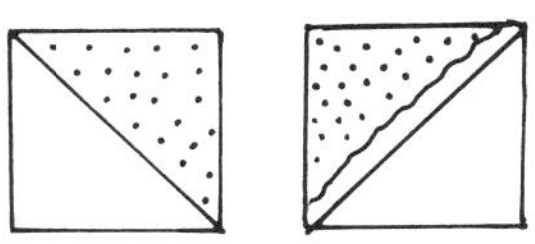

endroit envers

Repasser la couture en la couchant toujours du même côté, par exemple du côté imprimé.

Formation des moulins

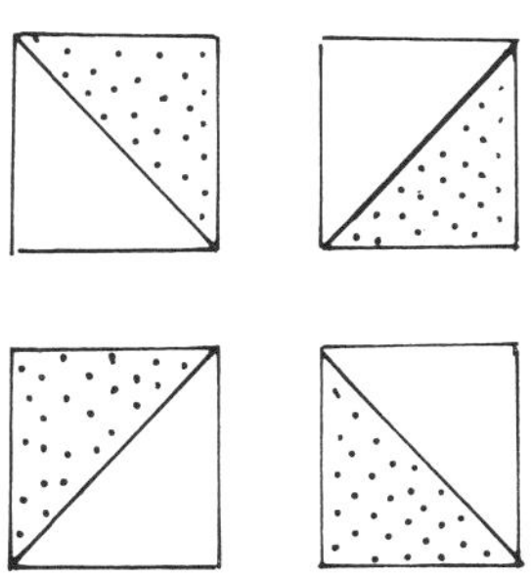

Attention à la position des triangles !

- Prendre d'abord un repère : ici on choisit de placer l'angle droit du triangle imprimé en haut et à droite pour le premier carré.

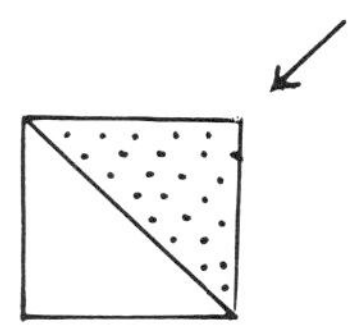

- Faire 2 piles de carrés en les plaçant convenablement à côté de la machine

1re pile 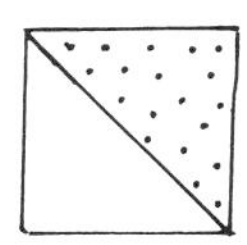 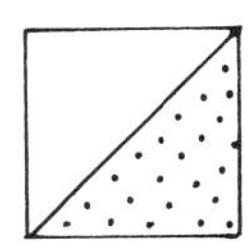 2e pile

- Assembler tous ces carrés 2 par 2 en calant les coutures l'une contre l'autre ; si elles ont été bien repassées, il doit y en avoir une de chaque côté.

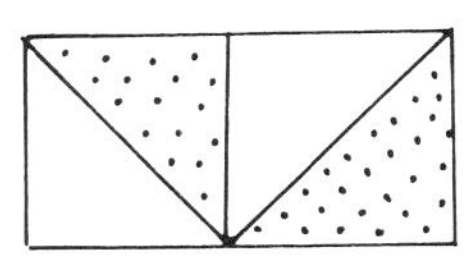

- Repasser la couture du côté du tissu imprimé. Assembler ces rectangles 2 par 2 et face à face

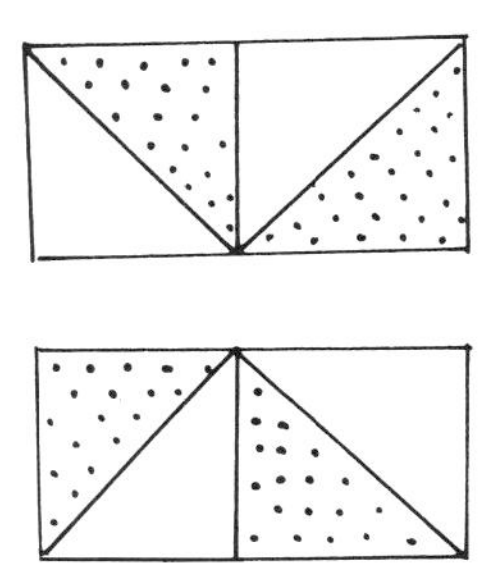

Assemblage final

Si les moulins sont différents, épinglez-les sur un drap tendu au mur ou placez-les à plat.

- Faites un plan sur un papier et numérotez vos moulins à l'aide d'une étiquette.

- Coudre côte à côte les moulins n°s 1, 2, 3
  les moulins 4, 5, 6
  les moulins 7, 8, 9
  puis les trois bandes obtenues pour former le carré

1	2	3
4	5	6
7	8	9

- Faire de même pour le carré

10	11	12
13	14	15
16	17	18

- Assembler ces deux carrés et procéder de la même façon avec les deux autres.

Suggestion pour le montage

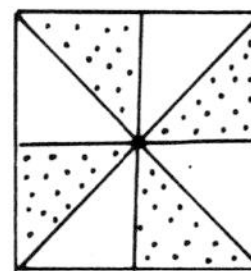	2	3	10	11	12
4	5	6	13	14	15
7	8	9	16	17	18
19	20	21	28	29	30
22	23	24	31	32	33
25	26	27	34	35	36

- Terminer par la couture du milieu.

Réalisation

Panneau mural

(Photo p. 86)

Le panneau fini mesure 93 x 80 cm. Il est réalisé à partir de 7 tissus différents.

Les carrés bicolores sont obtenus en faisant un quadrillage de 7,5 cm. Chaque moulin a 13 cm de côté.

13 cm

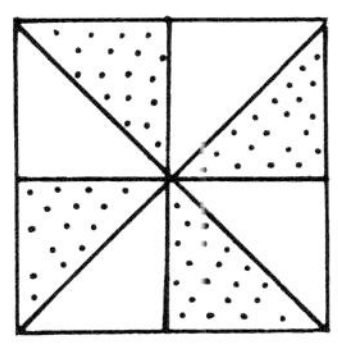

93 cm

80 cm

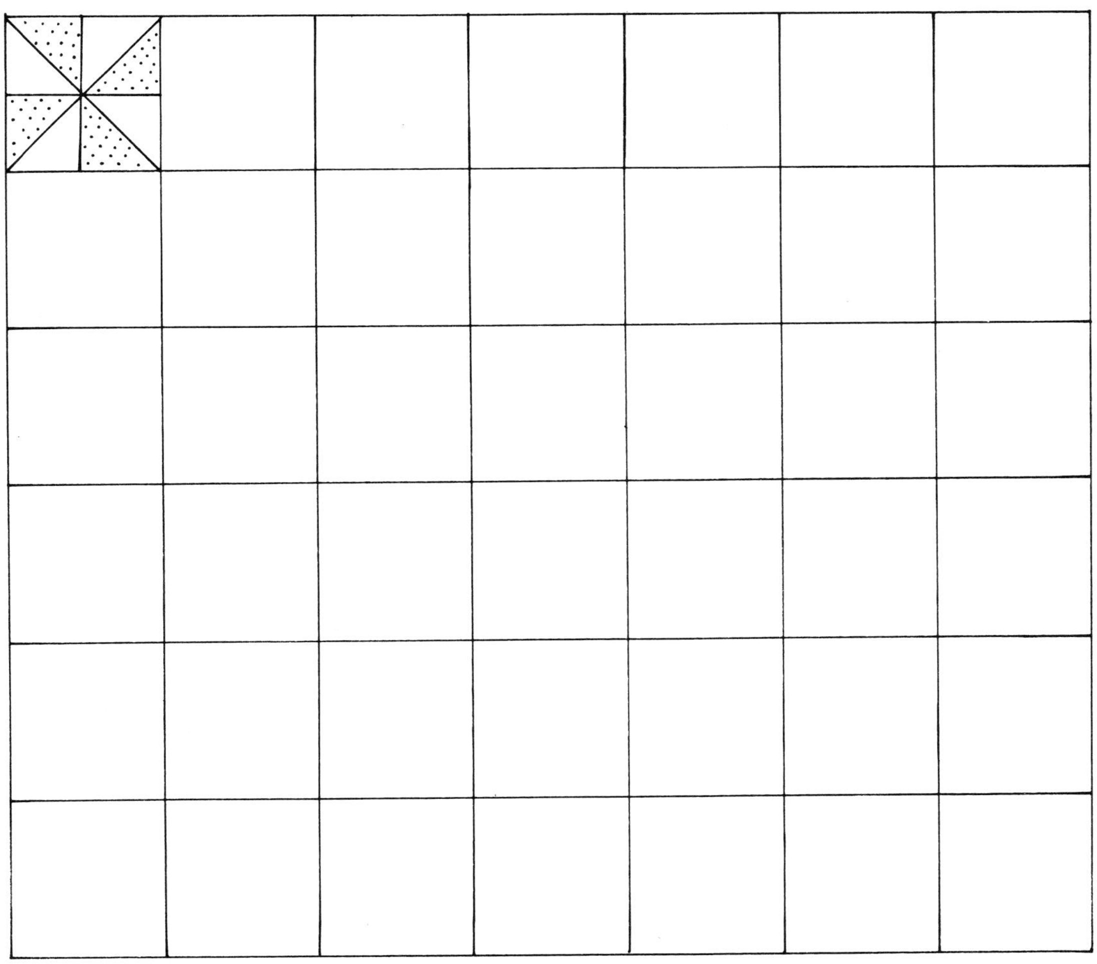

PUZZLE IRLANDAIS

Réalisation

Dessus de lit

Vous aurez besoin de 31 carrés comme celui-ci.

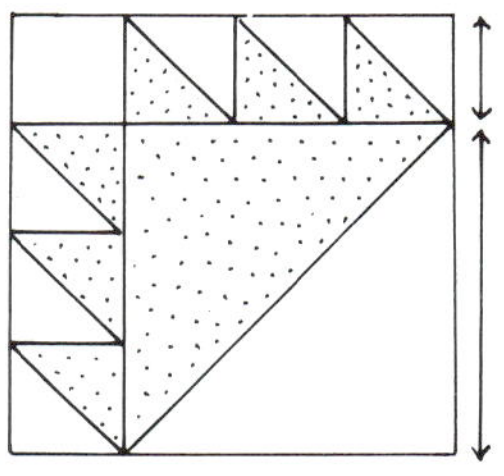

Les carrés bicolores du côté seront coupés et cousus suivant une des deux méthodes décrites aux p. 76 à 78.
Il faut 31 x 6 = 186 carrés

- Tracez des carrés de 6,7 cm sur le tissu clair, vous obtiendrez des carrés bicolores de 5,5 x 5,5 cm (4,5 cm + 0,5 cm × 2).

- Vous formez ensuite 2 sortes de blocs :

6 grands carrés obtenus en cousant 4 carrés de base de la façon suivante :

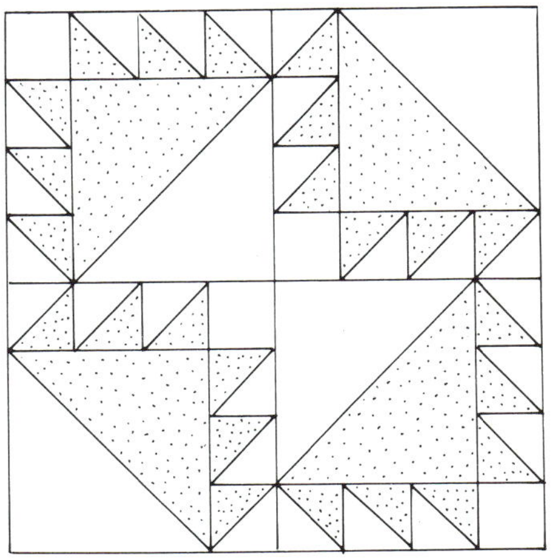

7 triangles obtenus en cousant 2 triangles (ici de 18 cm de côté + 1 cm pour les coutures) à un carré de base.

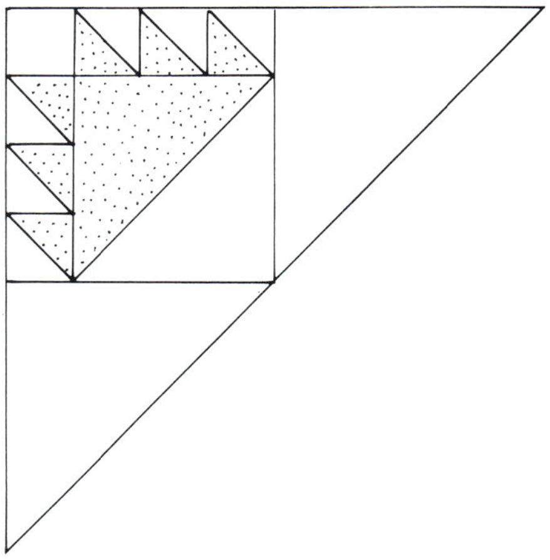

Procédé de montage

Les bandes transversales sont formées de 2 bandes rouges de 2,5 cm de large + 1 cm pour coutures, et 1 bande blanche de 2,5 cm + 1 cm pour coutures.

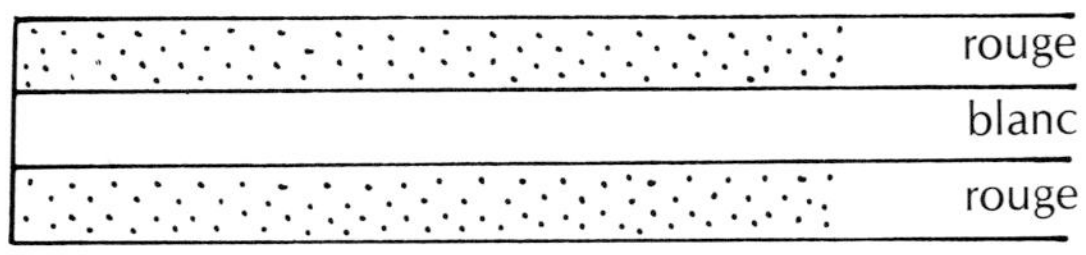

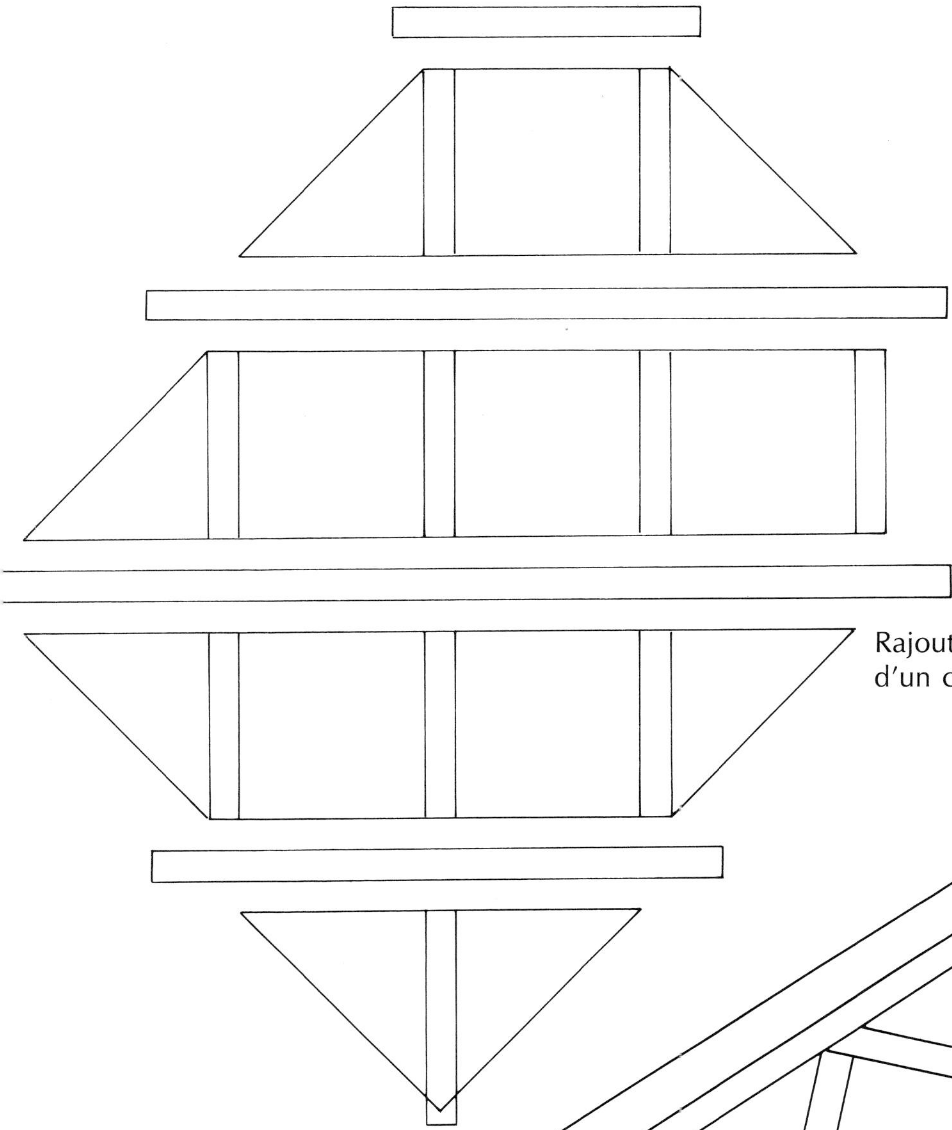

Rajoutez les petits triangles dont la base est la diagonale d'un carré de 18 cm (sans oublier les coutures).

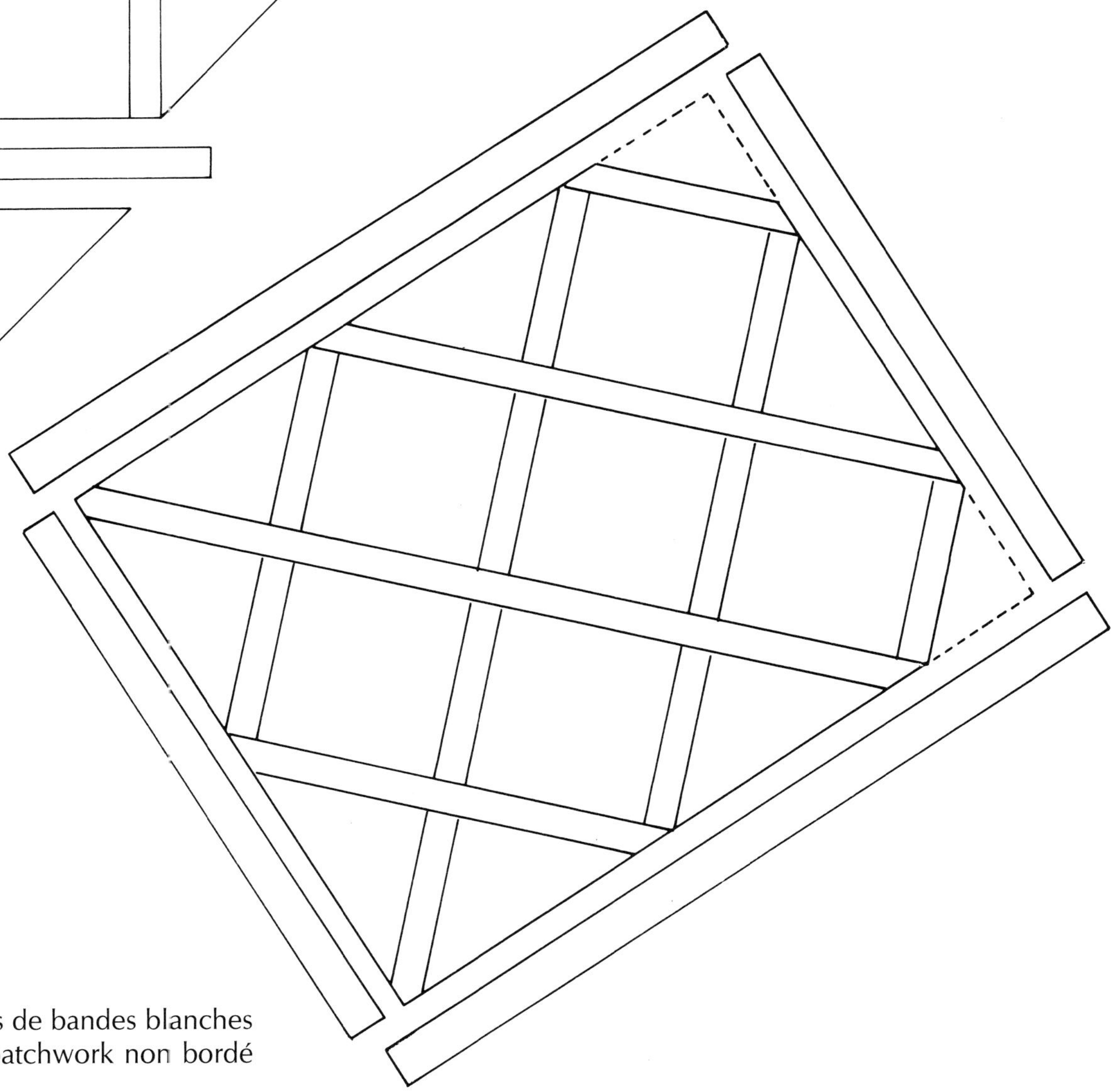

Ajoutez ensuite les bordures formées de bandes blanches de 10 cm de large + coutures. Le patchwork non bordé mesure 123 x 160 cm.

Quelques exemples de motifs réalisables à partir de la méthode des triangles

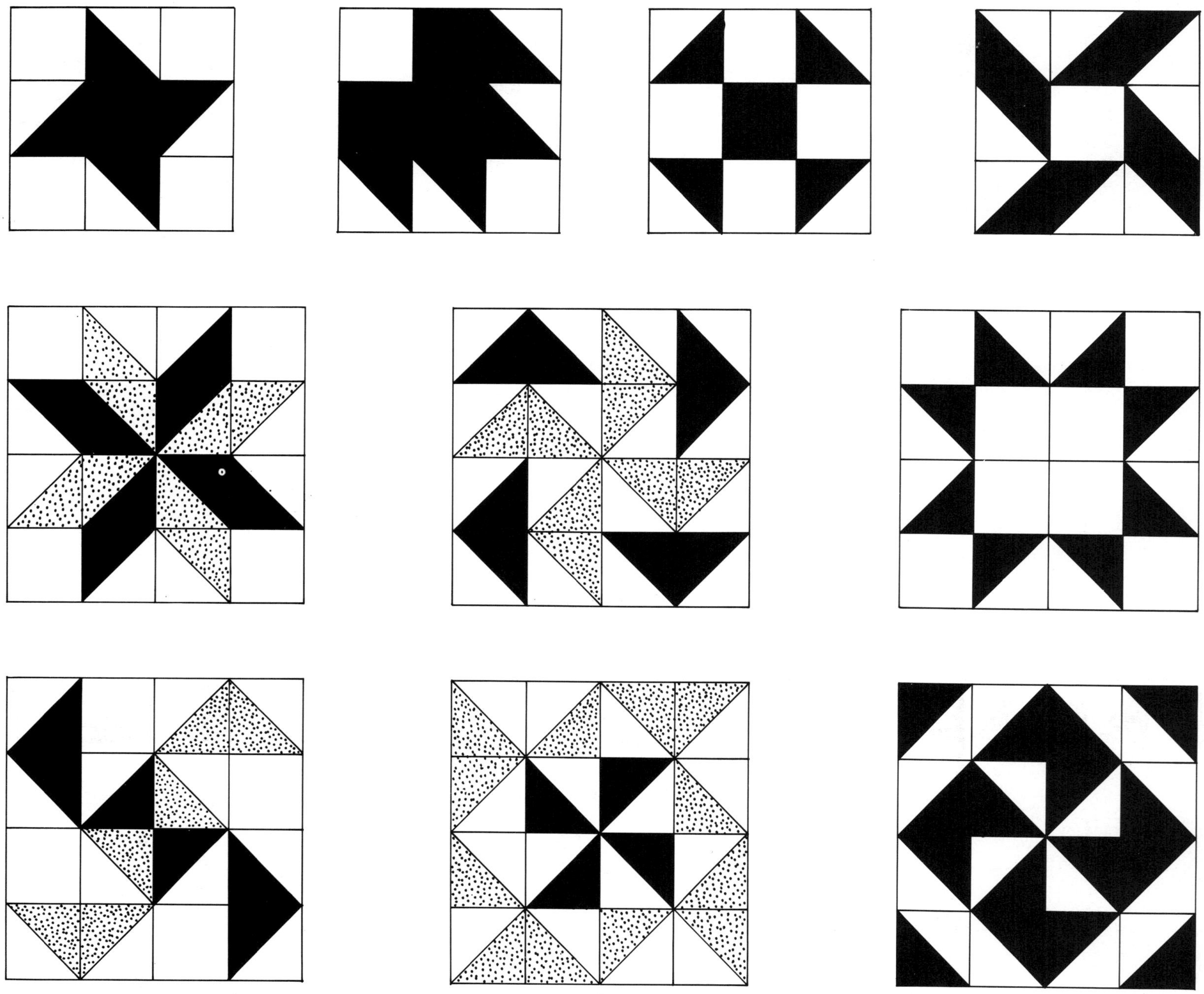

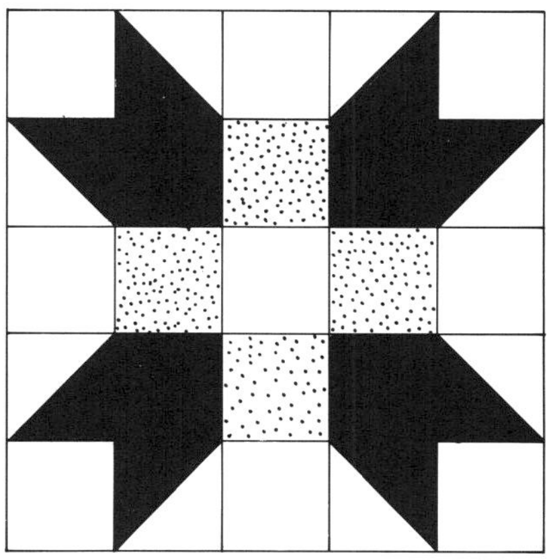

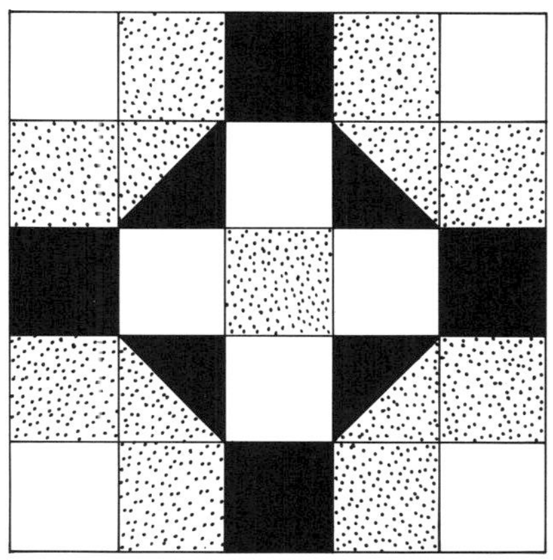

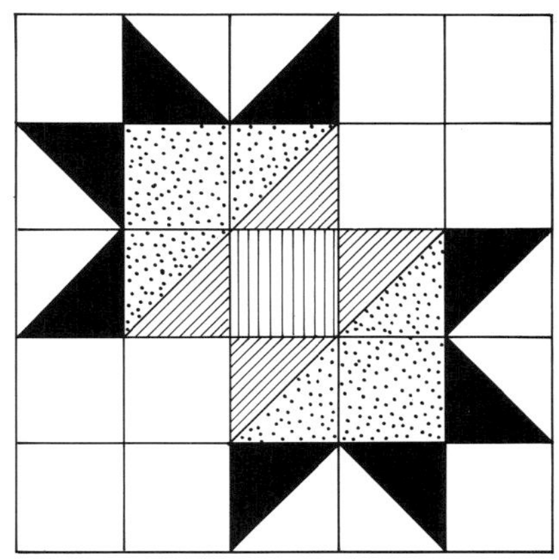

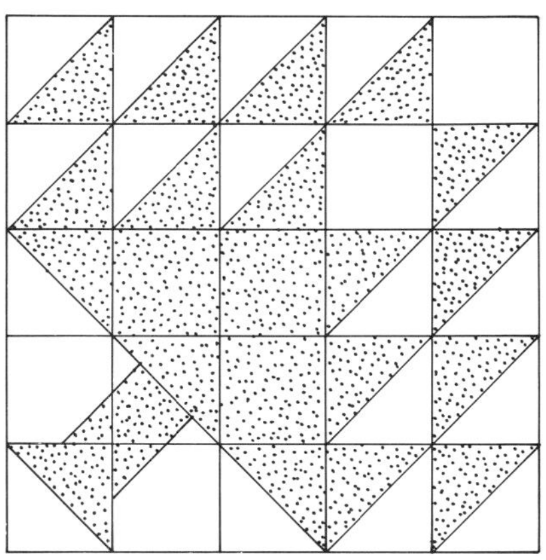

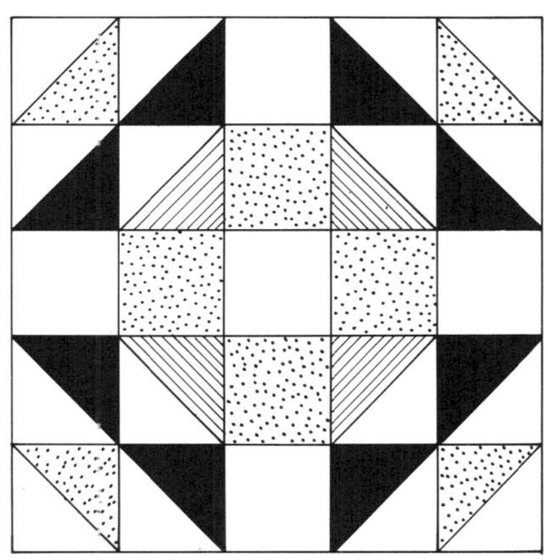

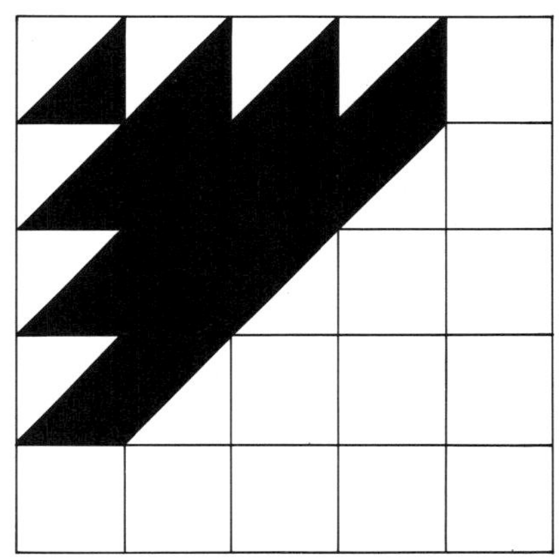

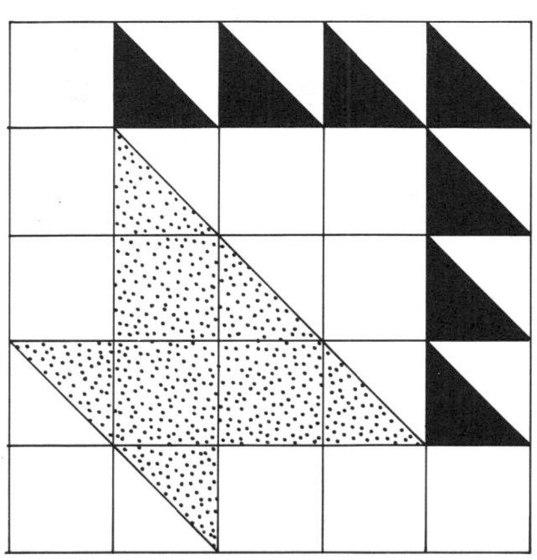

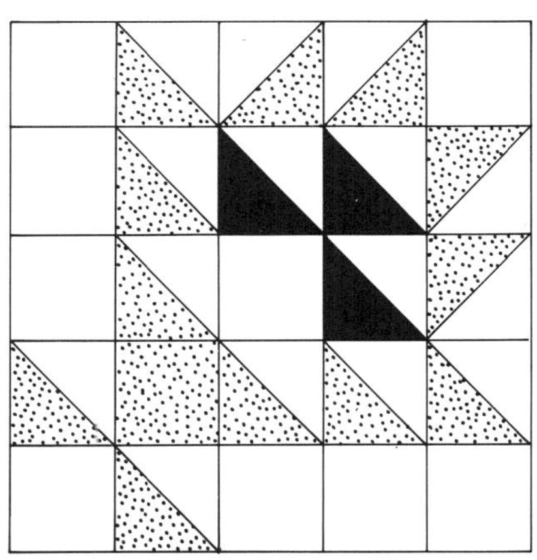

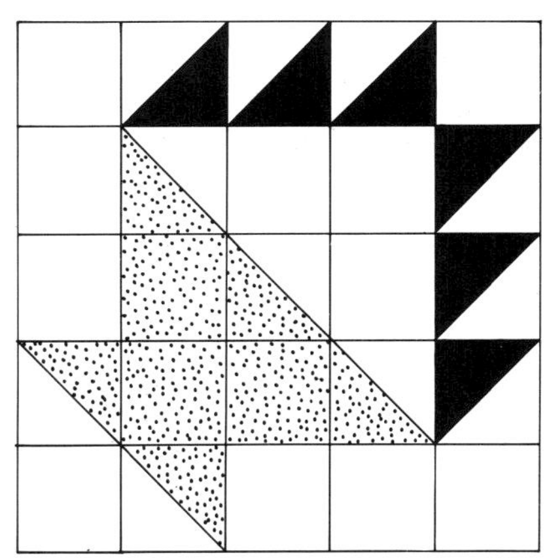

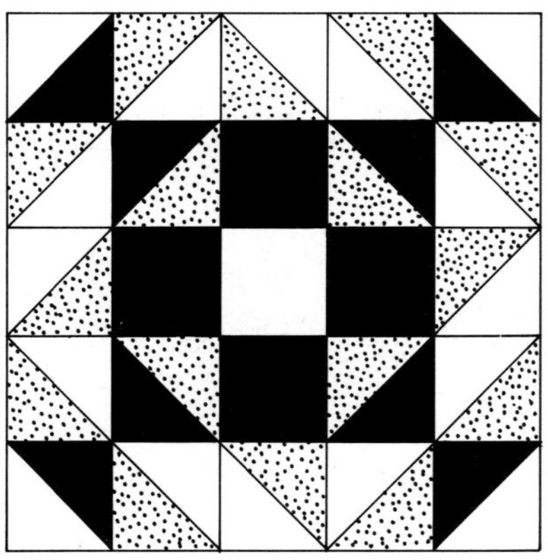
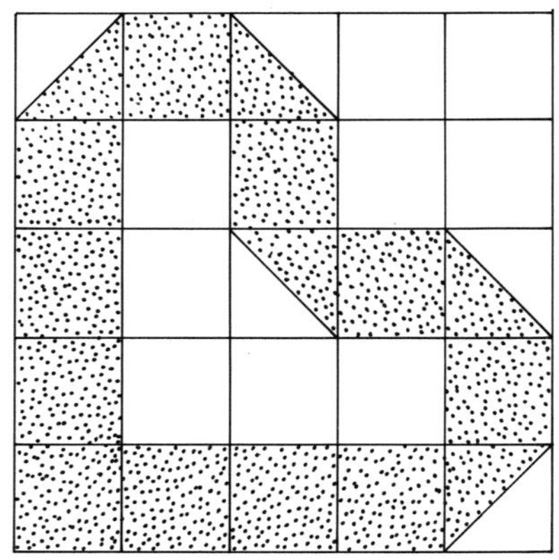
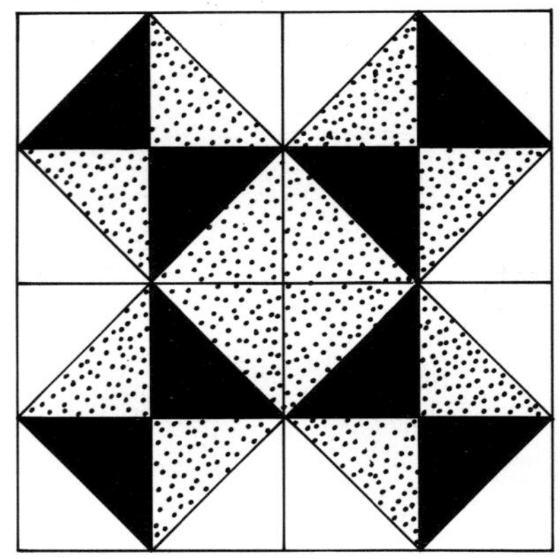
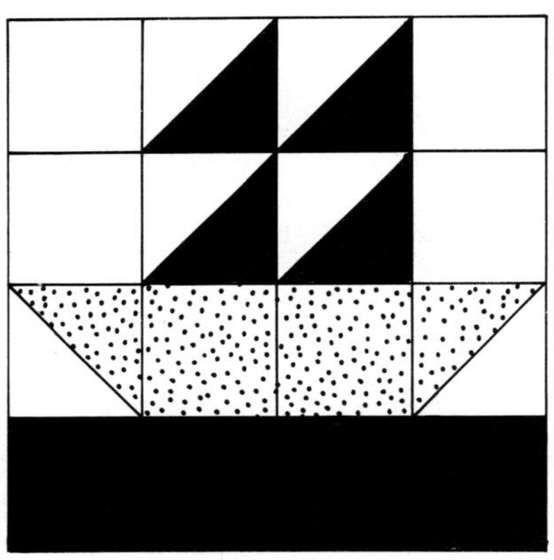
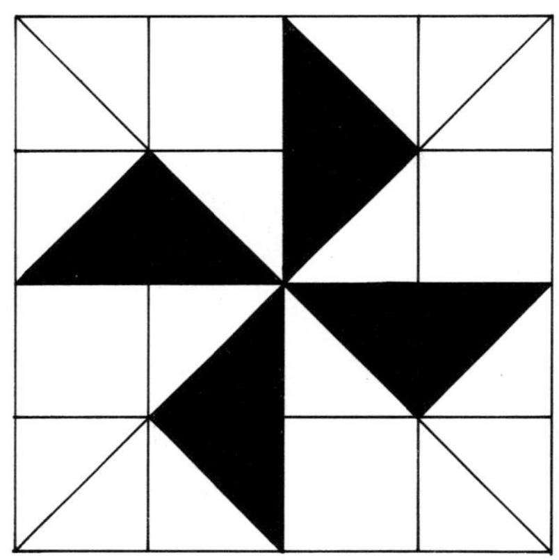
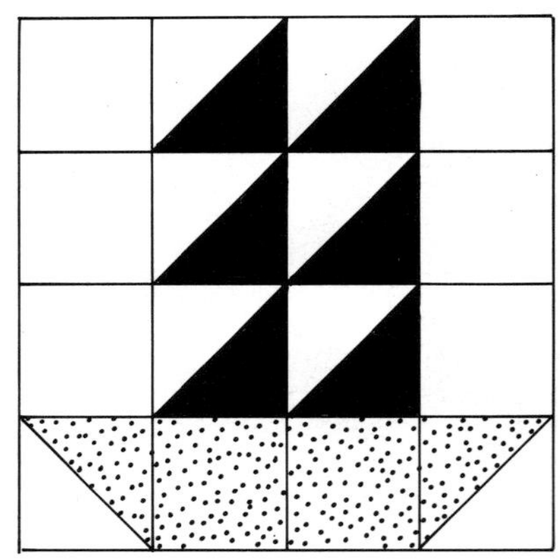
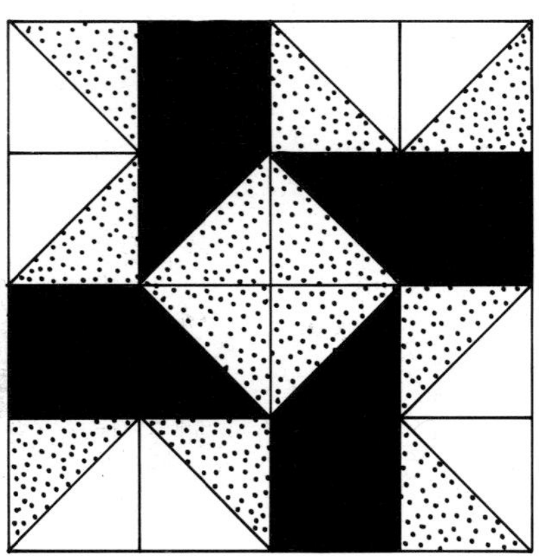

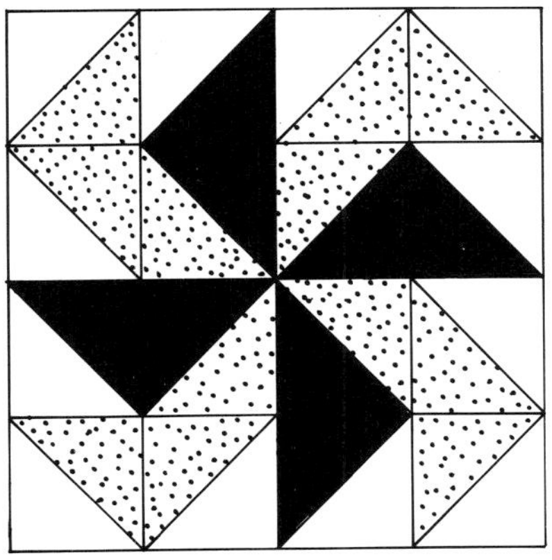

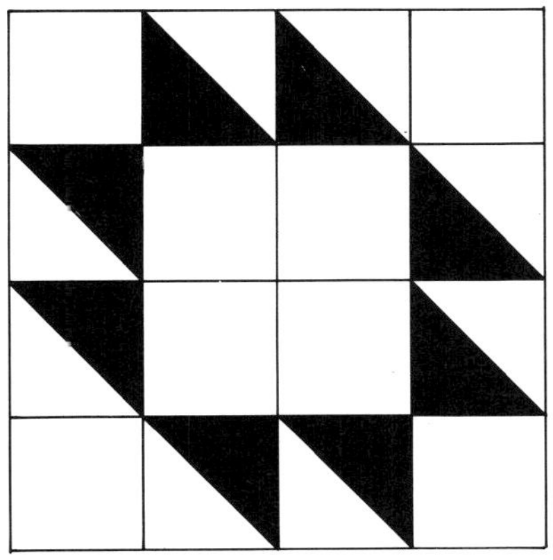

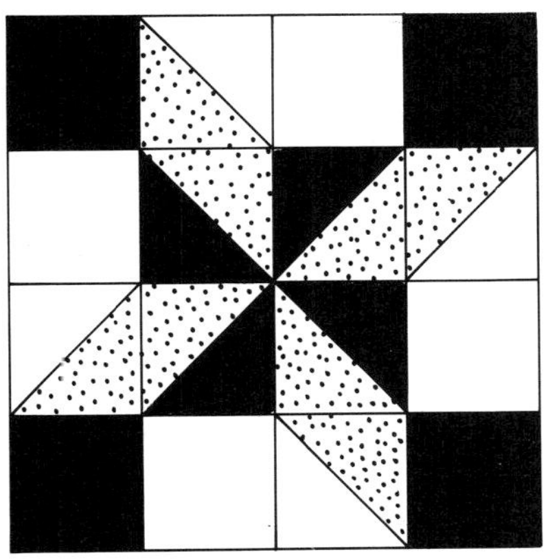

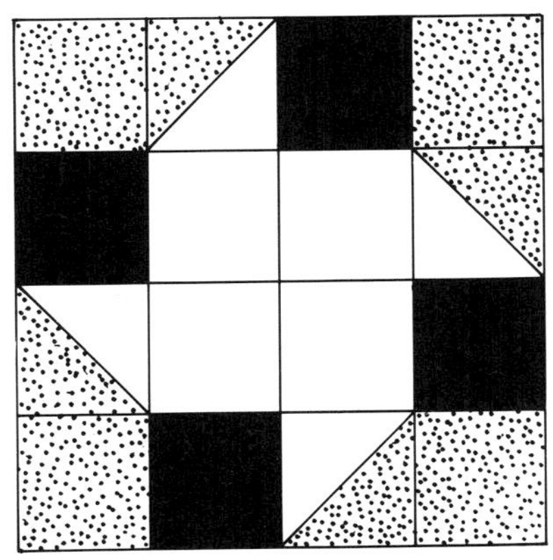

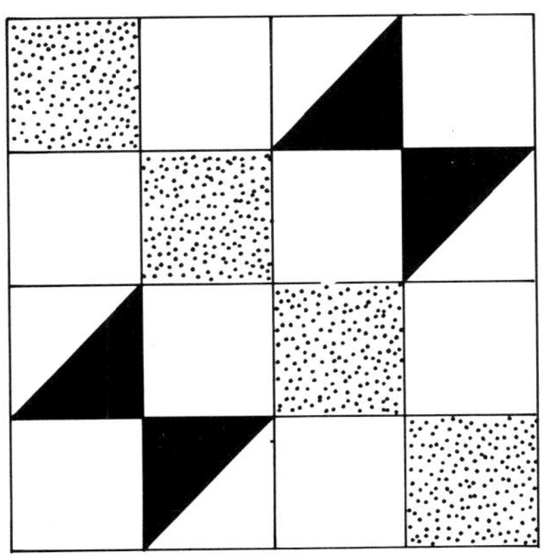

VOL D'OIES

▼

- Couper avec la règle des bandes de tissu imprimé et des bandes de tissu uni de la même largeur (a).
- Dans le tissu uni, recouper dans les bandes des carrés de côté a.

couper

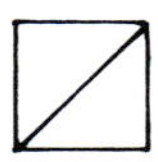

- Tracer sur l'envers au crayon fin la diagonale des carrés.
- Dans le tissu imprimé, recouper dans les bandes des rectangles de largeur 2a moins les coutures (0,5 cm x 2).

couper

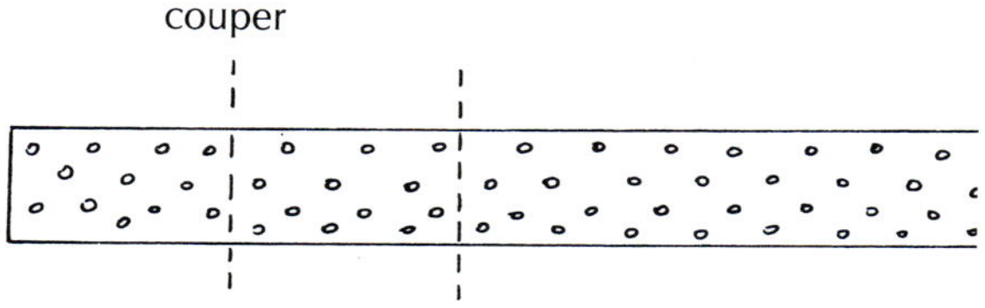

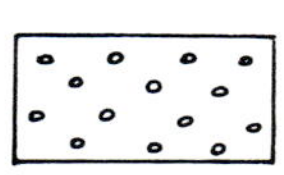

2a - 1 cm

- Placer chaque carré uni sur un rectangle imprimé, endroit contre endroit.

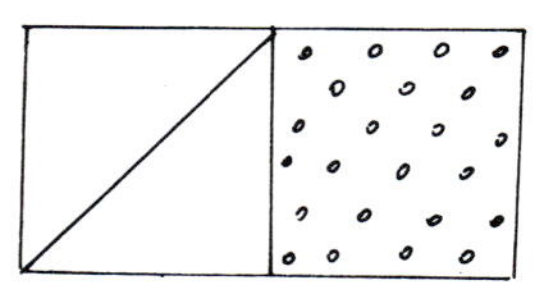

- Coudre en suivant la diagonale tracée.

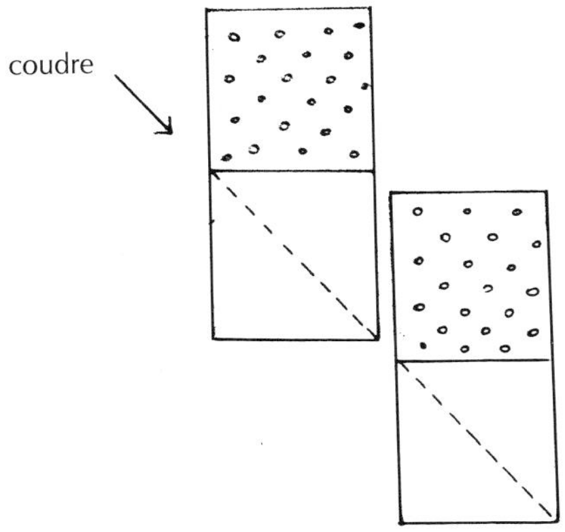

- Couper le petit triangle en trop

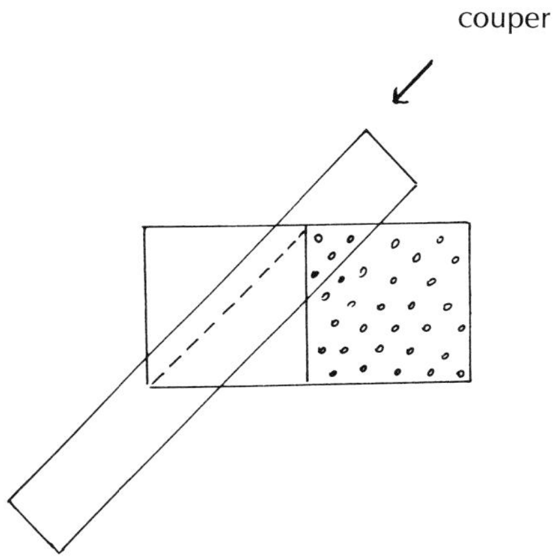

- Déplier le triangle uni et repasser.

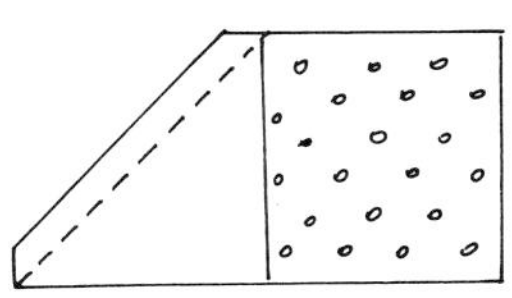

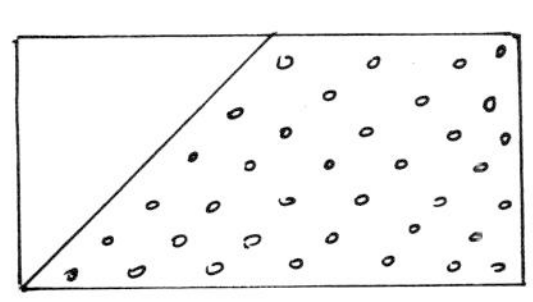

- Recommencer l'opération avec un autre carré uni pour le coin gauche.

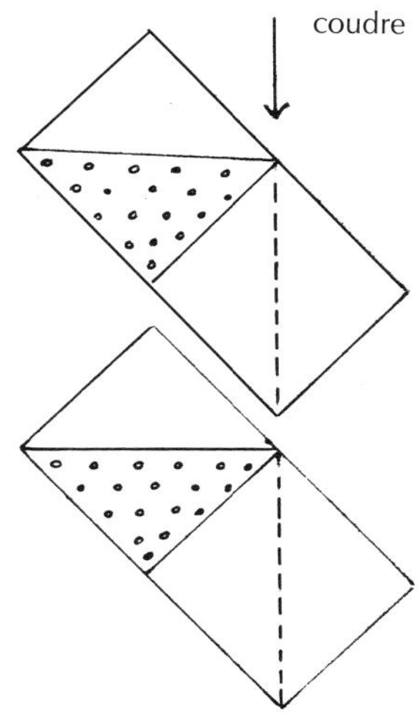

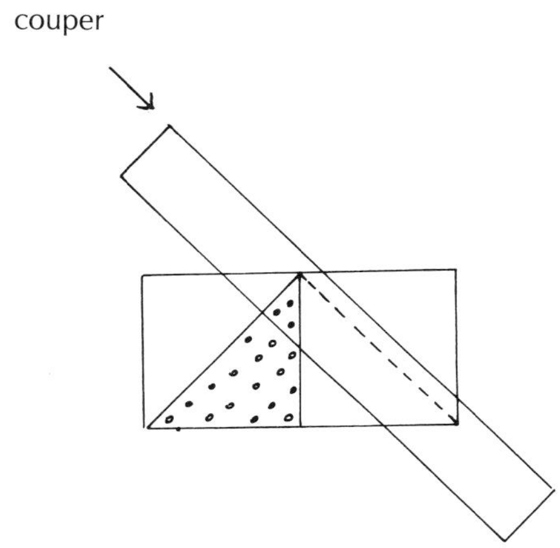

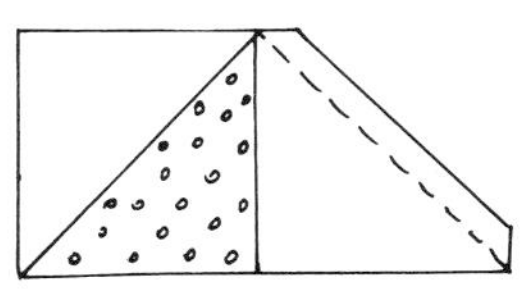

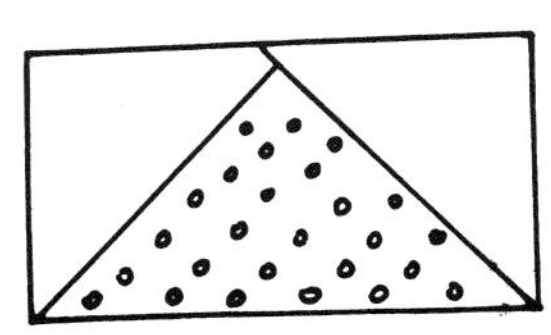

Réalisation

Quilt pour bébé

Dimensions : 68 x 80 cm

- Découper des bandes imprimées et unies de 6 cm de large.
- Découper des carrés unis de 6 cm de côté ; il faut 140 carrés de tissu uni, soit en 140 cm de large, 6 bandes de tissu, c'est-à-dire 36 cm ; en 90 cm de large, 10 bandes de tissu, c'est-à-dire 60 cm.
- Découper des rectangles imprimés de 11 x 6 cm.
  Il faut en tout 70 rectangles :
  8 rectangles de 9 couleurs différentes ou 10 rectangles de 7 couleurs,
  ou encore 12 rectangles de 6 couleurs.
- Procéder comme dans le chapitre précédent.
  On obtient 70 triangles inscrits dans un rectangle et on monte ces rectangles en 5 rangées de 14.

Pour réaliser l'ouvrage présenté ici, on a utilisé :
60 cm de tissu uni en 140 cm de large et 6 cm pour chacun des 9 tissus imprimés en 90 cm de large.

Si le tissu est en 140 cm, une seule bande suffit, soit 6 cm pour chaque couleur (pour 6 ou 7 couleurs).

Si le tissu est en 90 cm de large, prenez 9 couleurs différentes et 6 cm dans chaque couleur.

- Couper les bandes intermédiaires et de bordure :
  4 bandes intermédiaires de 3 x 70 cm,
  2 bandes pour la bordure de 6 x 68 cm
  2 autres bandes de bordure de 6 x 82 cm.

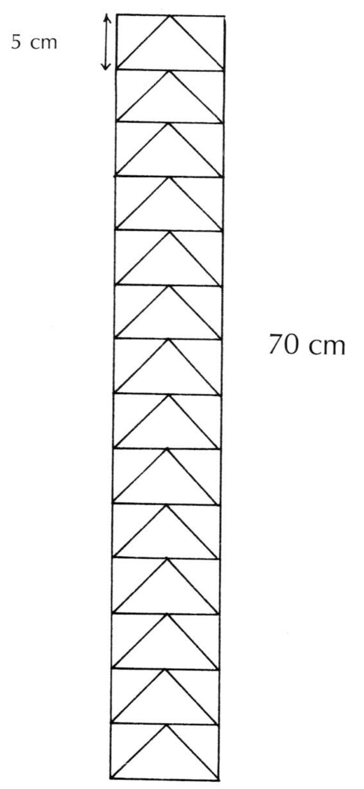

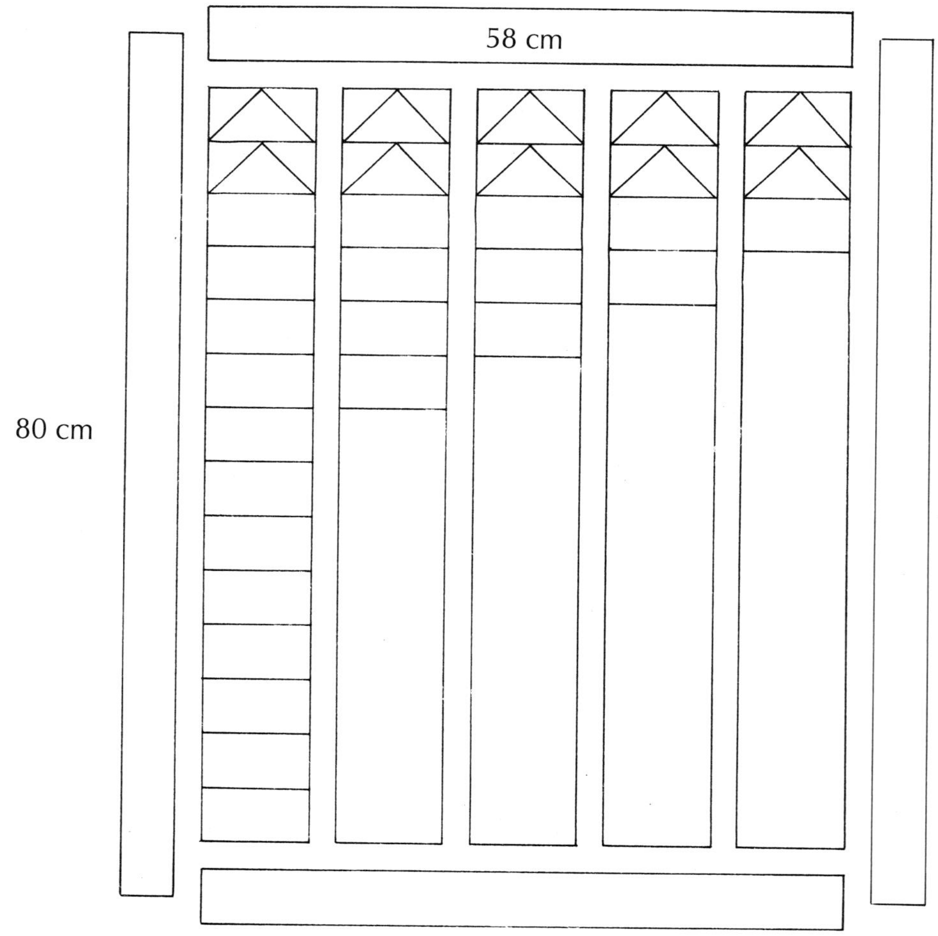

ROMAN STRIPES

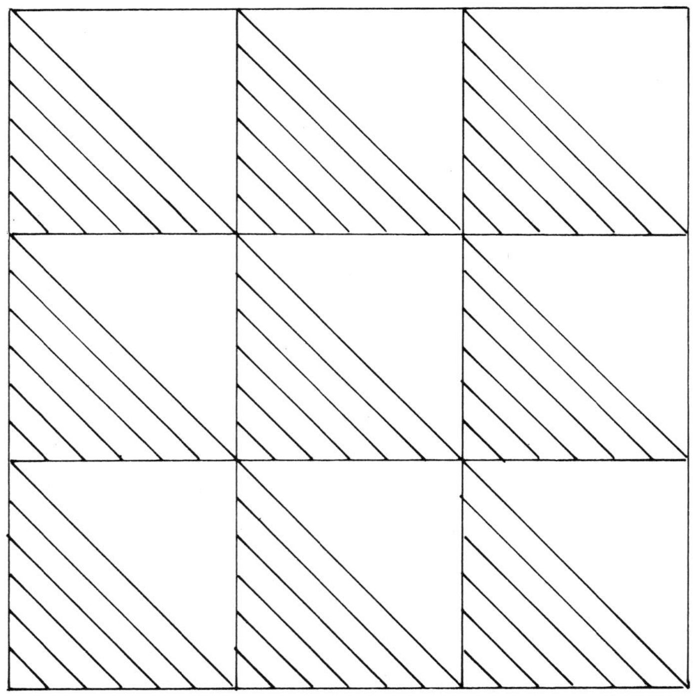

• Couper 3 bandes dans des tissus imprimés en n'oubliant pas d'ajouter à la largeur désirée 1 cm pour les coutures. Coudre les 3 bandes à la machine avec un point très serré. Repasser.

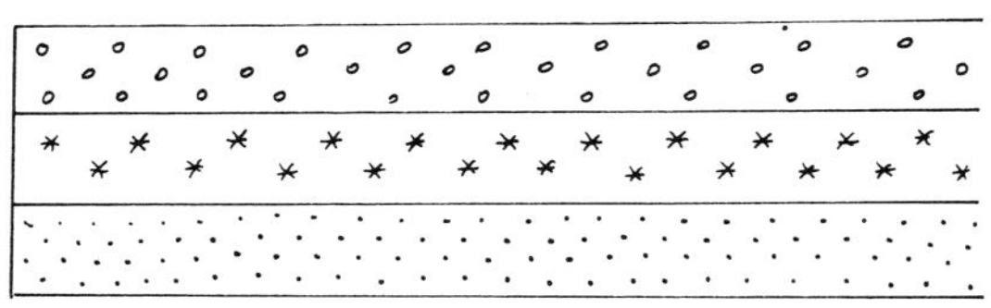

• Couper une autre bande unie de la largeur de la bande formée par les 3 bandes imprimées réunies (a). La placer sur cette bande endroit contre endroit.

• Coudre soigneusement le long des deux bords (en haut et en bas).

Repasser avant de couper.

• Avec une équerre, tracer des diagonales.

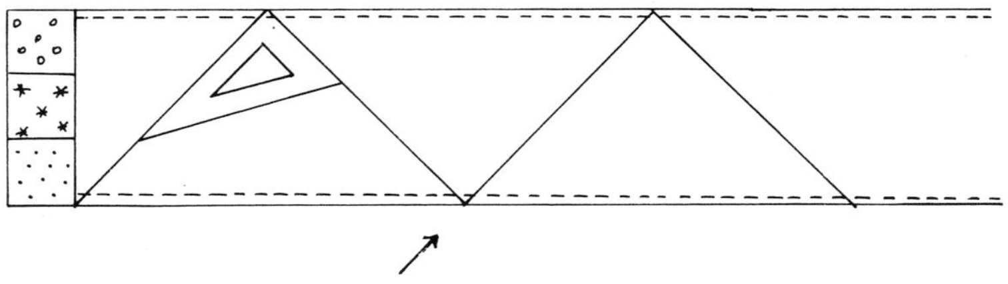

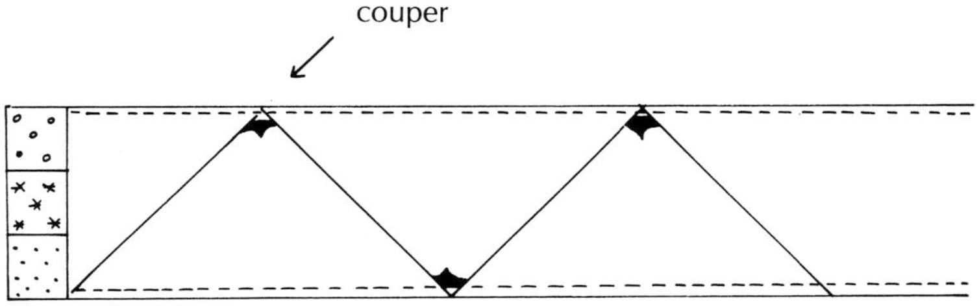

On obtient 2 sortes de carrés. Repasser la couture vers le côté le plus foncé.

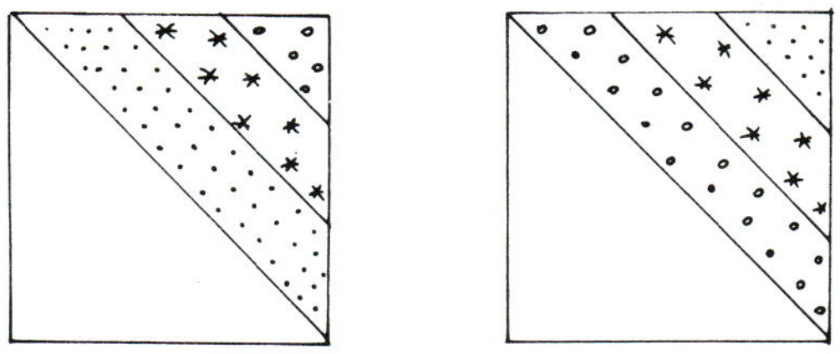

Attention ! Cette manière de découper donne les côtés du carré en plein biais.
Faire attention au repassage puis à l'assemblage. Coudre 9 carrés ensemble.

Carrés identiques

Si vous voulez que tous les carrés soient identiques, utilisez un nombre de tissus impair, répétés de façon symétrique par rapport au milieu.

Premier exemple : avec 3 bandes et 2 tissus différents.

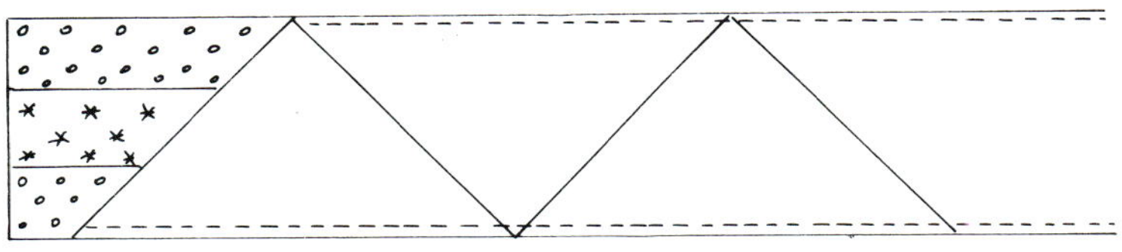

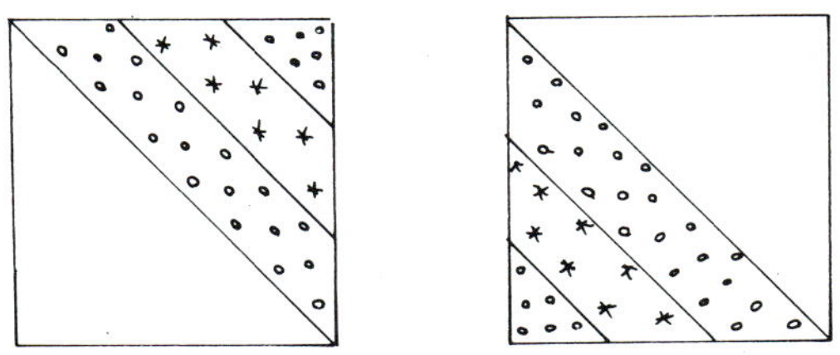

Deuxième exemple : avec 5 bandes et 3 tissus différents. Dans les deux cas, on obtient des carrés identiques.

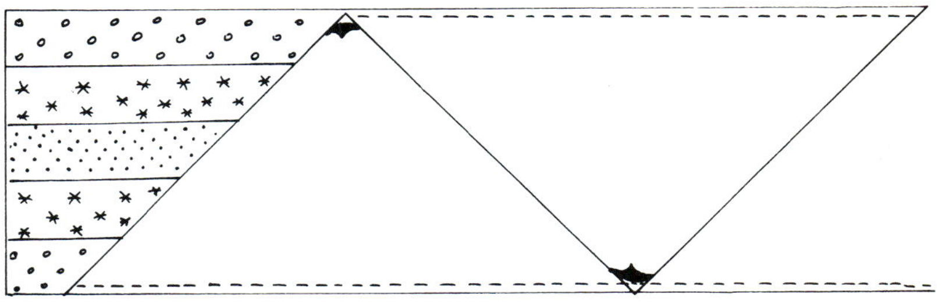

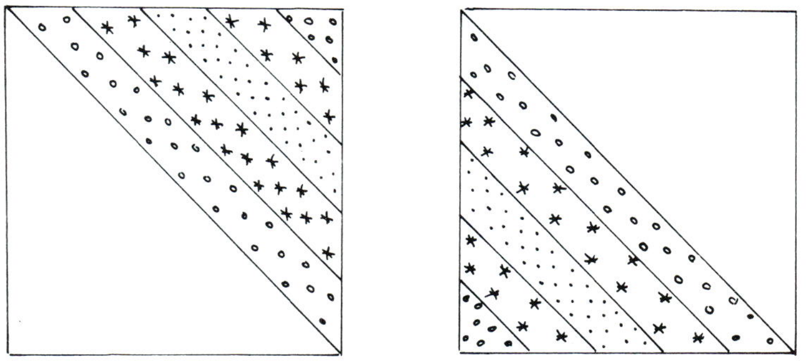

Réalisation

Panneau mural

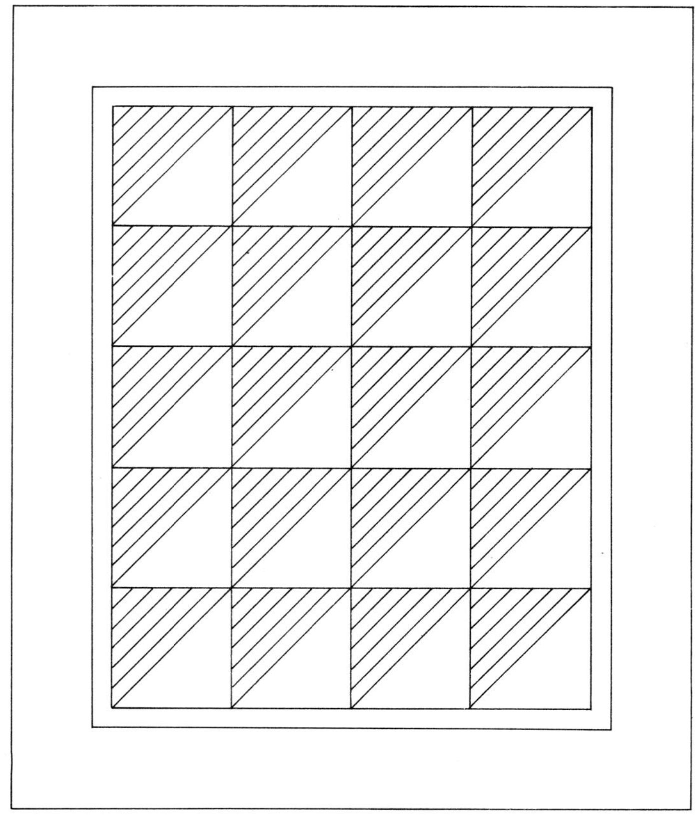

Le quilt fini mesure 114 x 135, 5 cm

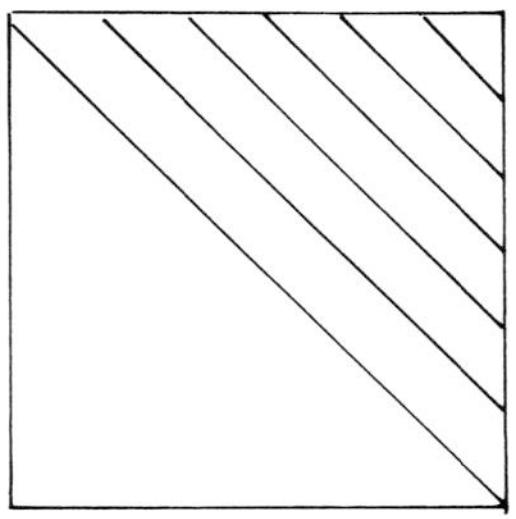

côté du carré de base fini = 21, 5 cm

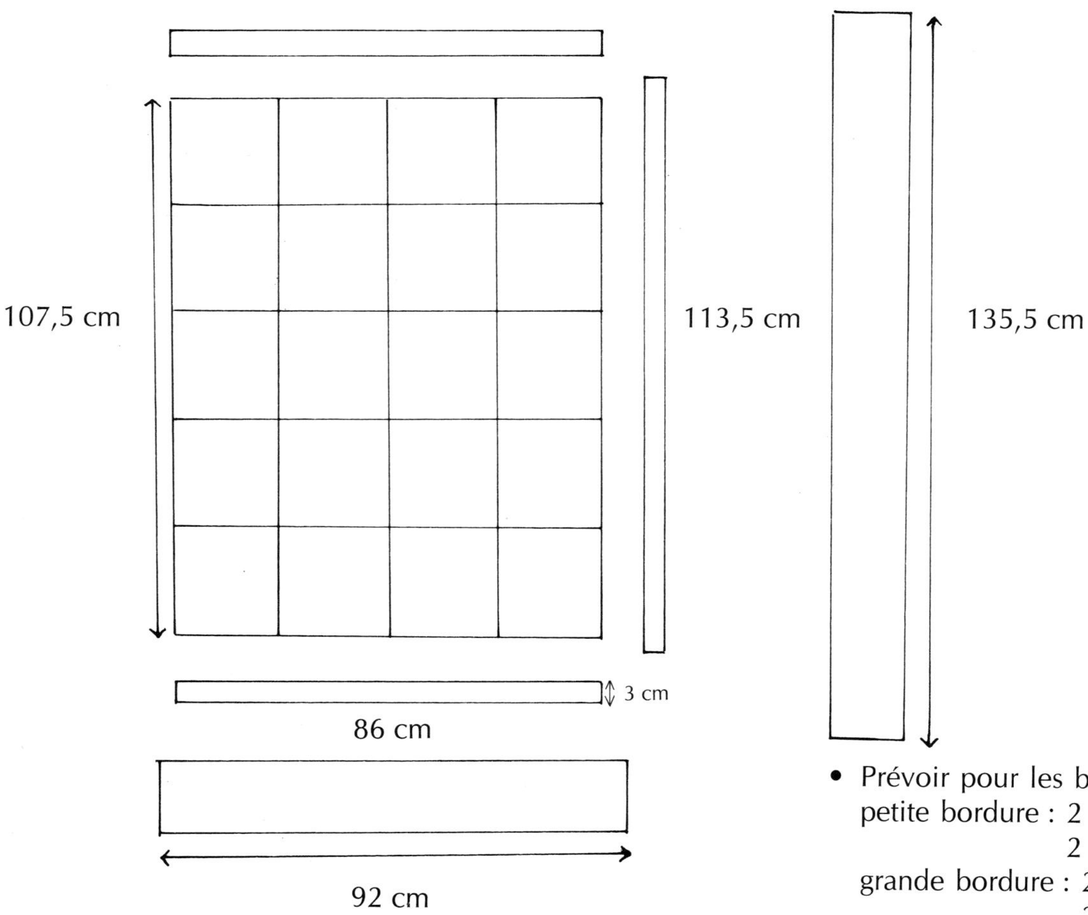

- Prévoir pour les bordures :
  petite bordure : 2 bandes de 114, 5 x 4 cm
  2 bandes de 96 x 4 cm
  grande bordure : 2 bandes de 136,5 x 12 cm
  2 bandes de 93 x 12 cm.

- Couper 4 fois 6 bandes de couleur de 3, 6 cm (2, 6 + 0,5 x 2) dans du tissu de 110 cm de large.
- Couper 4 fois 4 bandes noires de 16 cm (15 cm + 0,5 x 2).

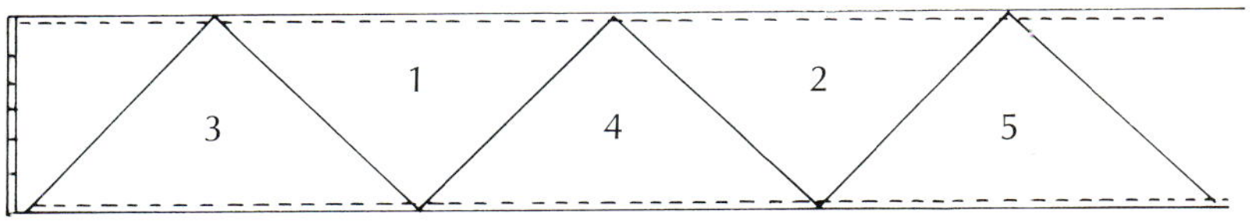

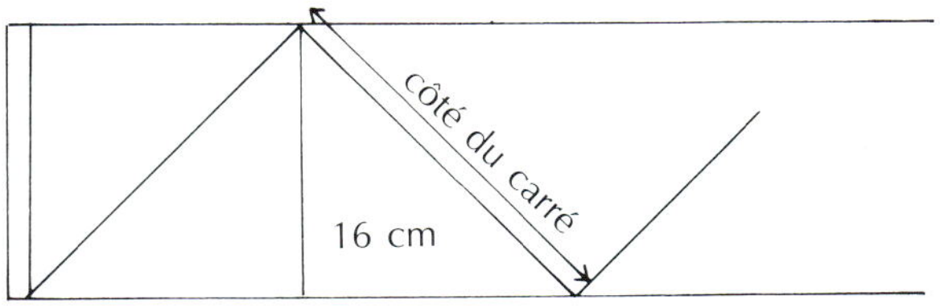

- Coudre 5 bandes de 4 carrés, puis coudre ces bandes entre elles.

Variation

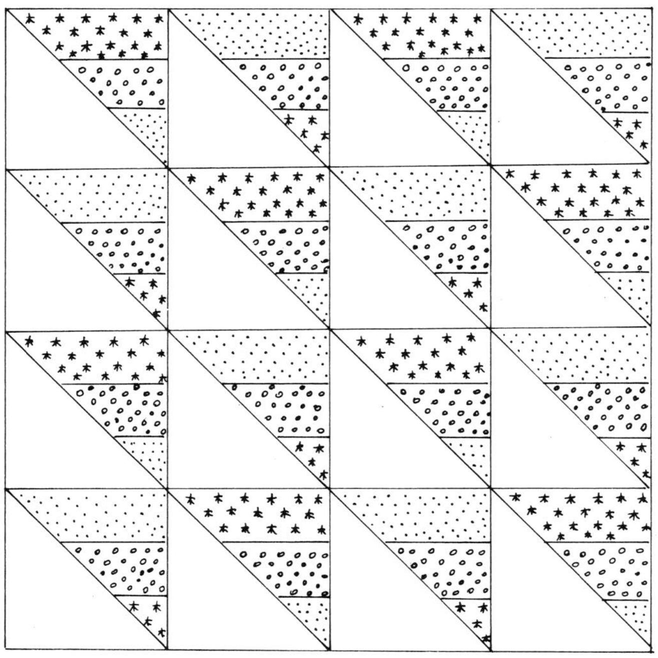

- Couper et coudre les bandes de tissus différents comme pour le modèle précédent.

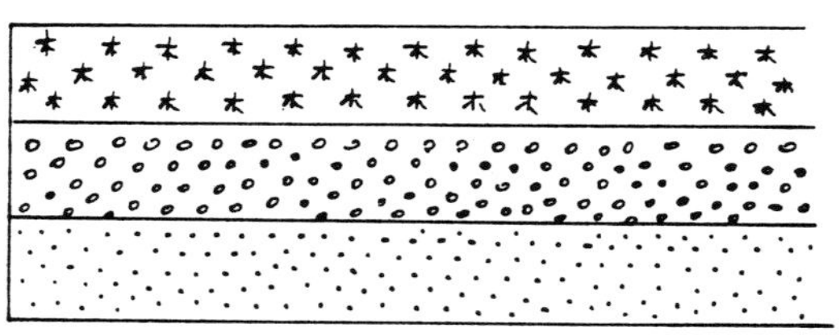

- Couper une autre bande unie de la largeur a.

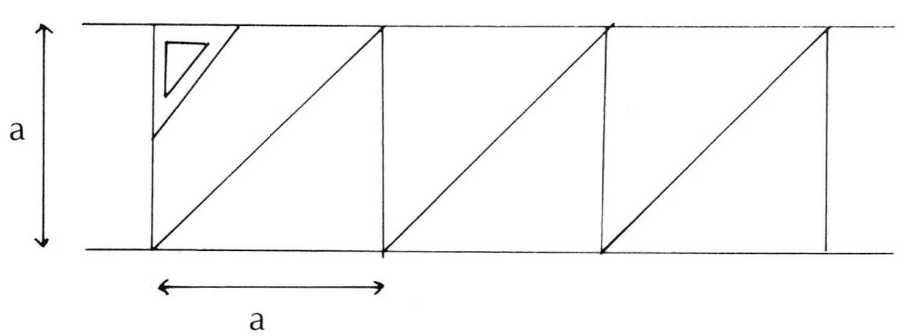

- Tracer sur cette bande à l'aide de l'équerre et du crayon des traits comme sur la figure ci-dessus.

- Placer ces bandes l'une sur l'autre, endroit contre endroit.

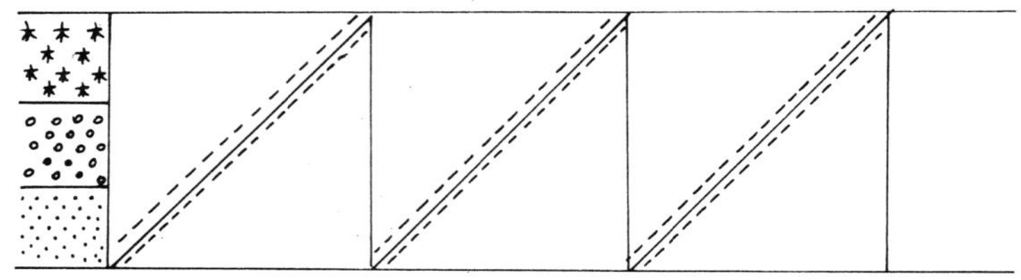

- Coudre de chaque côté de la diagonale, puis couper sur les traits de crayon.

Si on a utilisé 3 tissus différents, on obtient deux sortes de carrés.

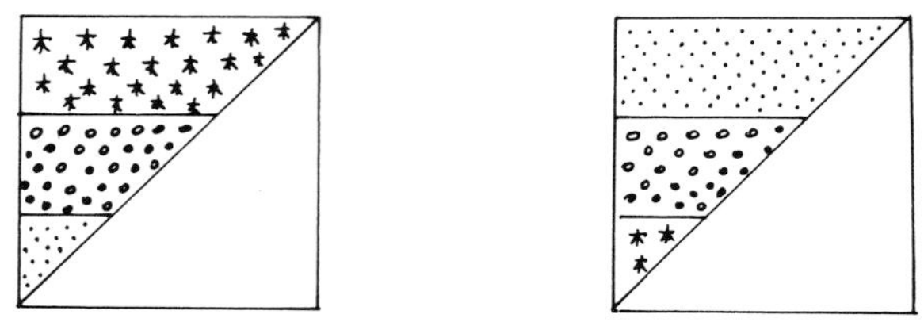

Pour obtenir des carrés identiques, il suffit d'utiliser un nombre impair de bandes imprimées et de les placer symétriquement par rapport à celle du centre comme sur les figures ci-dessous.

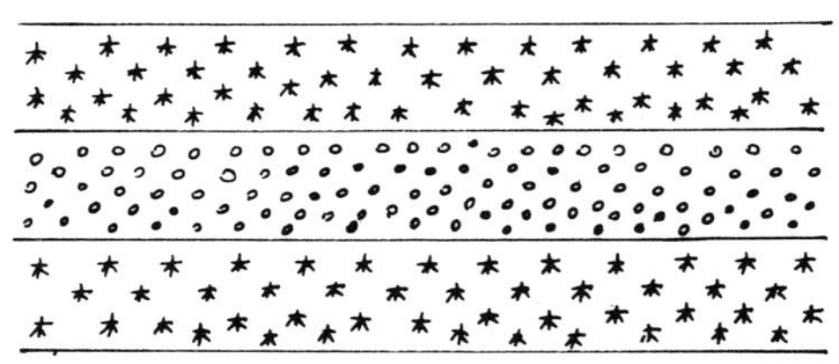

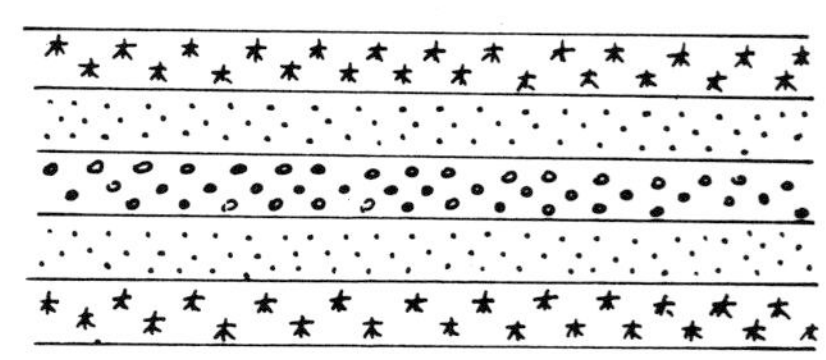

- Coudre les carrés en bandes et les bandes entre elles.

Réalisation

Dessus de lit pour 2 personnes

Il se compose de 72 carrés de 24 cm de côté.

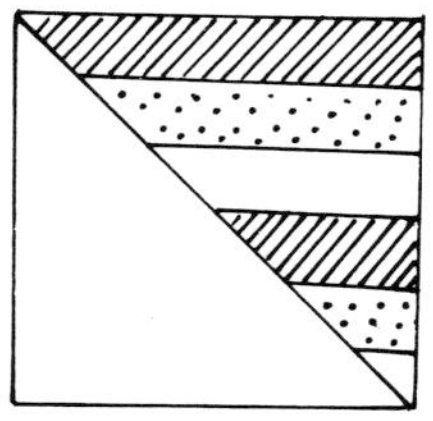

- Couper dans 3 tissus différents des bandes de 4 cm + 0,5 cm x 2 soit 5 cm.
- Assemblez-les 6 par 6.
- Couper des bandes de tissu uni de 24 cm + 0, 5 x 2 soit 25 cm.
- Suivre les explications des pages précédentes.

Pour réaliser cet ouvrage, il faut environ 3 m de tissu uni et 2 m de chacun des tissus imprimés.

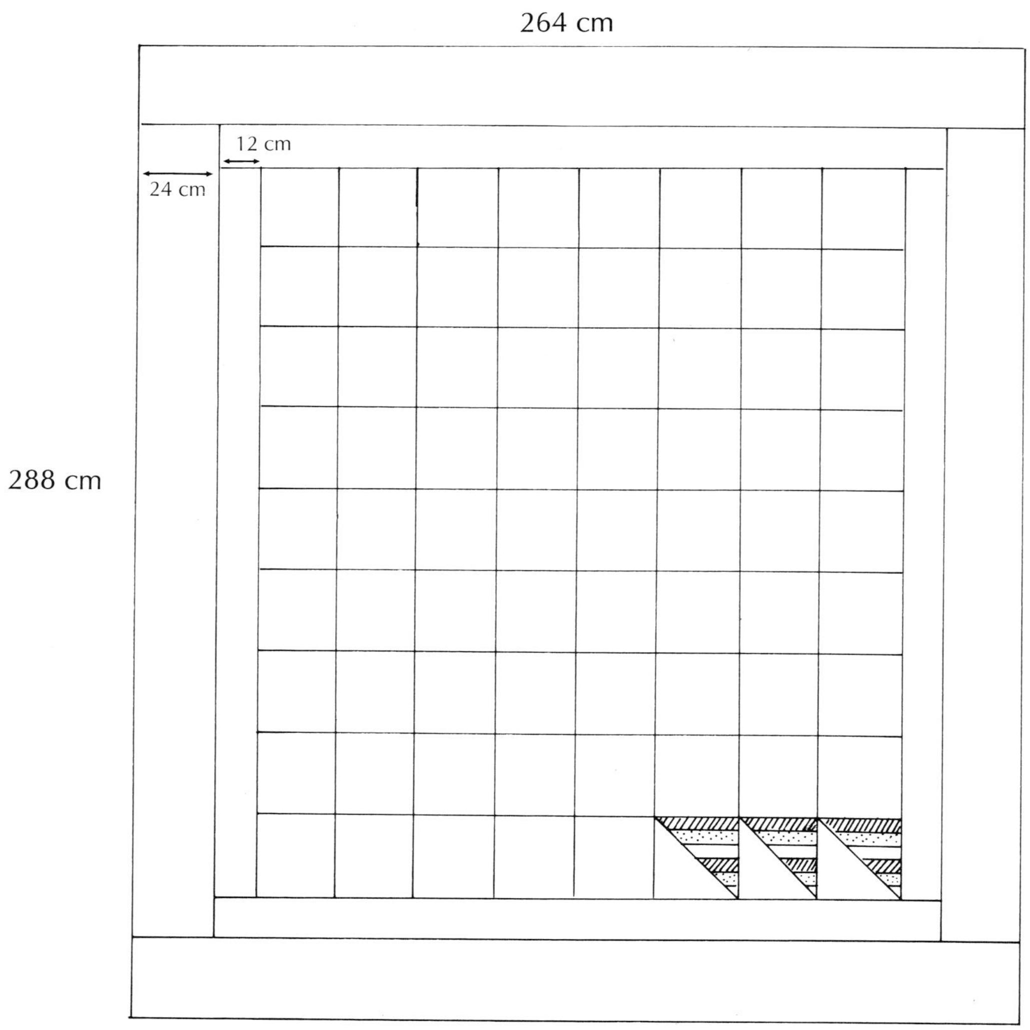

ASSEMBLAGE DE **LOSANGES**

ÉTOILES

- Utiliser un nombre impair de tissus, les placer en ordre et les numéroter.
- Couper des bandes.
- Assembler à la machine (point serré) les différentes bandes coupées en décalant les tissus.
- Repasser les bandes AB de bas en haut et BC de haut en bas.

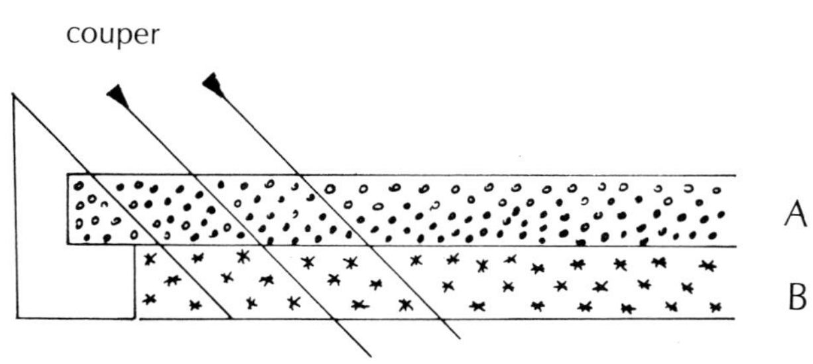

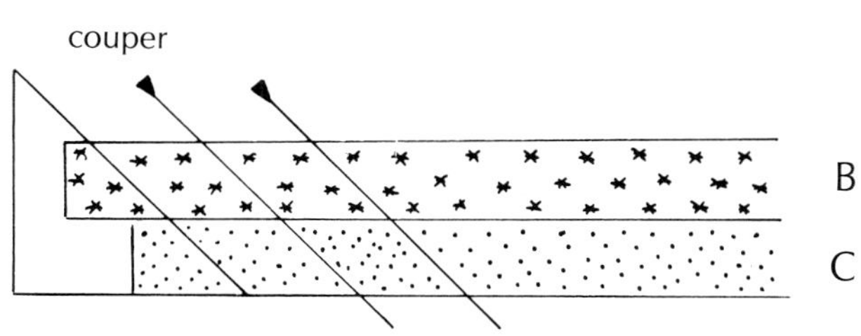

- Couper en vous aidant d'une équerre à 45° 8 bandes parallèles, une pour chacune des branches de l'étoile.

La largeur de ces bandes doit être la même que celle des bandes A, B, C.

- Assembler AB et BC avec des épingles. Utiliser cette fois un point plus gros puisque la couture ne sera pas coupée.

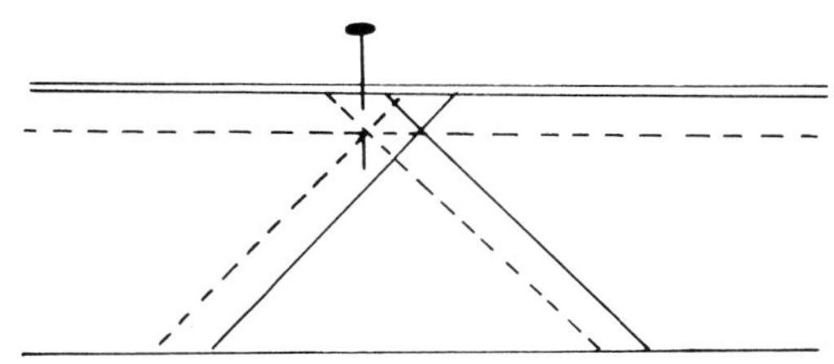

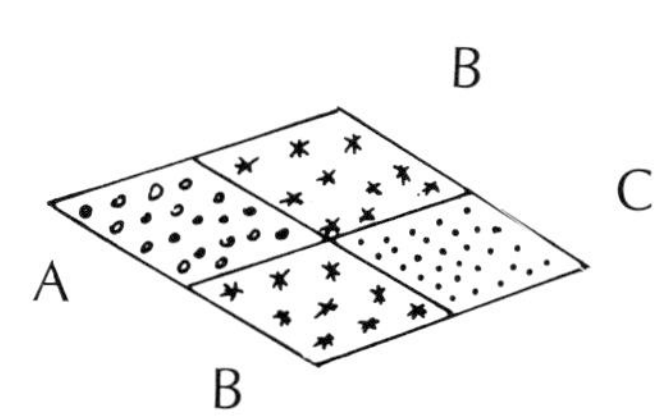

- Après la couture de chaque bande, déplier et vérifier que les angles sont bien en face l'un de l'autre. Au besoin, découdre juste la partie concernée pour la recentrer.

- Coudre les losanges les uns aux autres 2 par 2, puis en tournant.
  Commencer à 0,5 cm du centre, là où les lignes se croisent, et arrêter à 0,5 cm du bord extérieur.

  Faire particulièrement attention au centre.

Cette méthode a été développée par Barbara Johannah.

Maintenant que vous avez compris le principe, vous pouvez réaliser des étoiles avec 5, 7, 9, 11 couleurs si vous voulez (toujours un nombre impair).

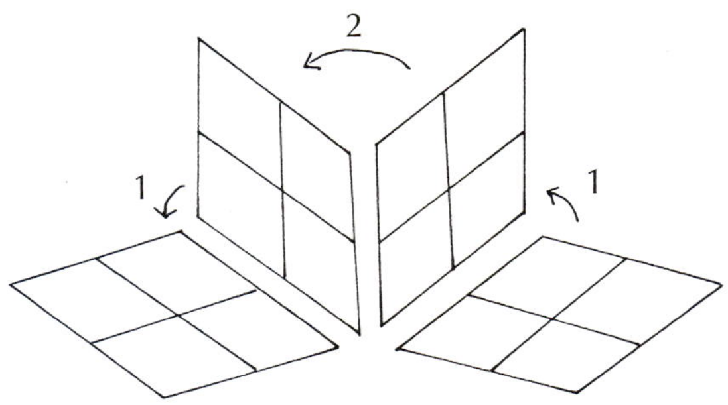

Nous vous proposons une

Étoile à 9 couleurs

- Préparation : coller sur une feuille un échantillon de chaque tissu et numéroter.
- Découpage :

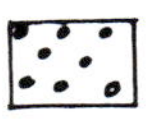	Tissu n° 1	1 bande de 6 cm x 80 cm
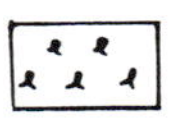	Tissu n° 2	2 bandes de 6 cm x 80 cm
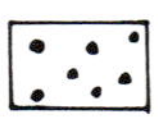	Tissu n° 3	3 bandes
	Tissu n° 4	4 bandes
	Tissu n° 5	5 bandes
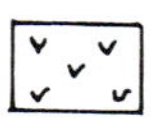	Tissu n° 6	4 bandes
	Tissu n° 7	3 bandes
	Tissu n° 8	2 bandes
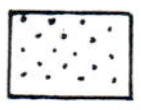	Tissu n° 9	1 bande

Faire 9 piles de bandes et les placer dans l'ordre.

Assemblage

- Coudre 5 combinaisons différentes :

A

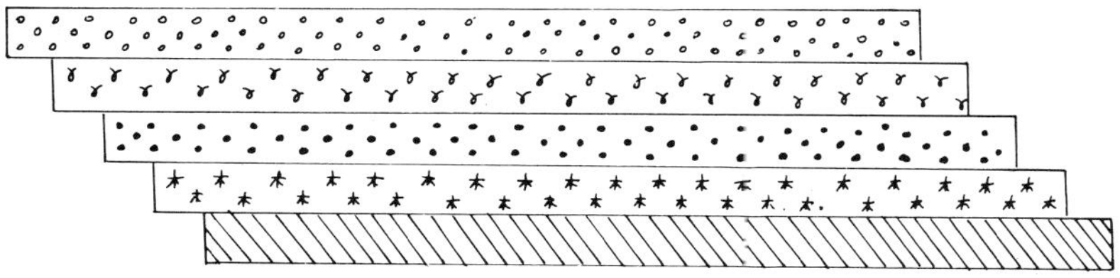

écrire A sur l'envers d'une bande

B

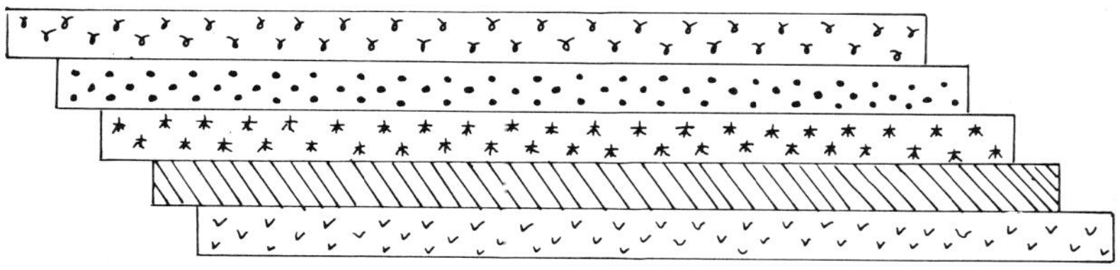

écrire B sur l'envers

C

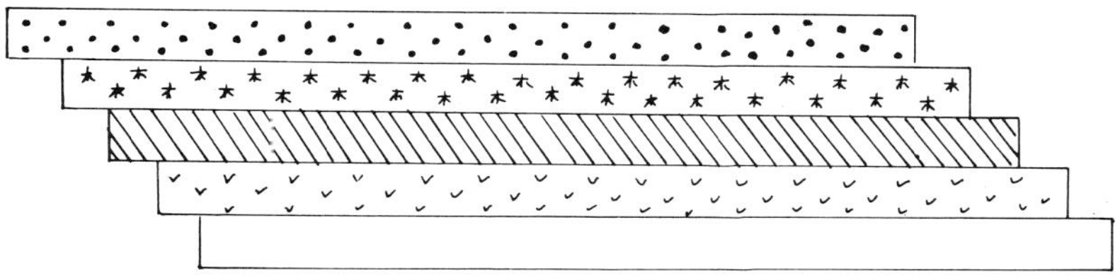

D

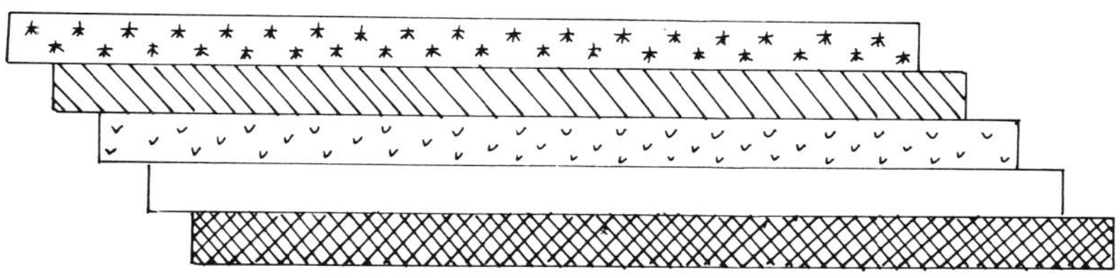

E

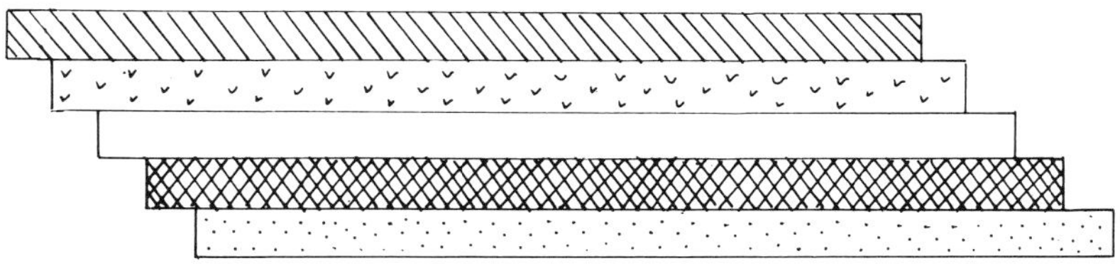

- Repasser les coutures des ensembles A, C, E de haut en bas.
  Repasser les coutures des ensembles B et D de bas en haut.

- Couper les losanges : tracer la première ligne à 45° à l'aide de l'équerre ou de la règle spéciale. Couper sur la ligne puis découper 8 bandes de 6 cm de large (1 bande pour chaque branche de l'étoile).

- Former les 8 branches de l'étoile.

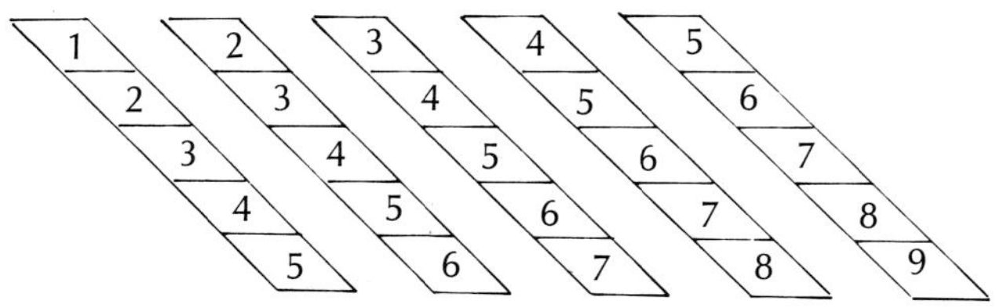

Coudre en épinglant soigneusement à chaque couture de la manière suivante (on peut employer un point plus gros car la couture ne sera pas coupée) :

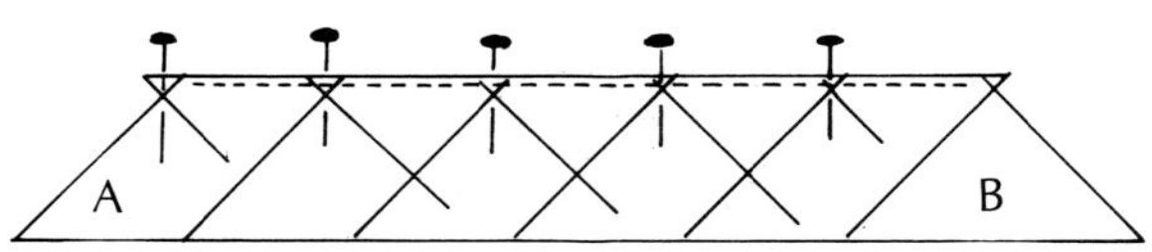

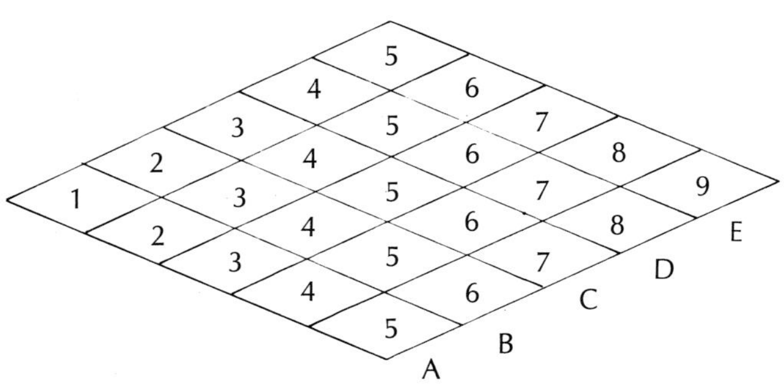

- Coudre les branches de l'étoile les unes aux autres, deux par deux, et continuer en tournant, en commençant à 0,5 cm du centre, là où les lignes se croisent et arrêter à 0,5 cm du bord extérieur.

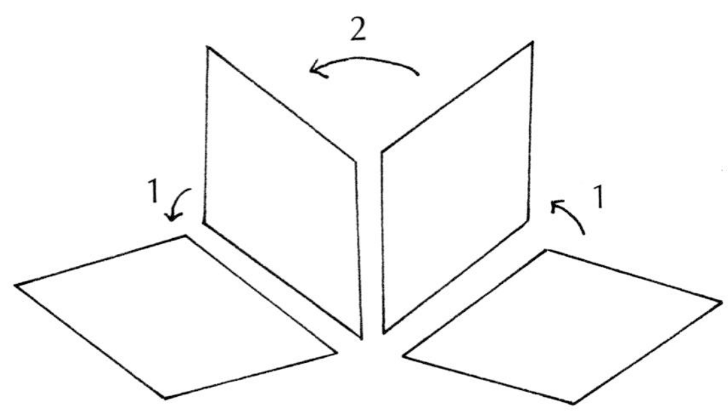

- Compléter le carré en ajoutant 4 carrés et 4 triangles.

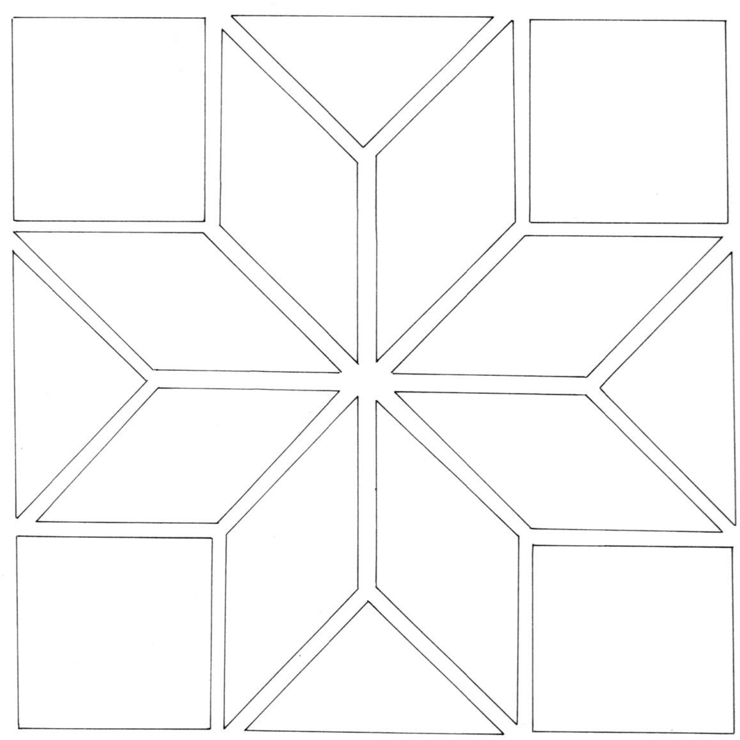

Méthode pratique pour le calcul de la dimension des étoiles en fonction de la largeur des bandes découpées.

- La grandeur de l'étoile dépend du nombre de losanges et de la dimension de la grande diagonale des losanges.

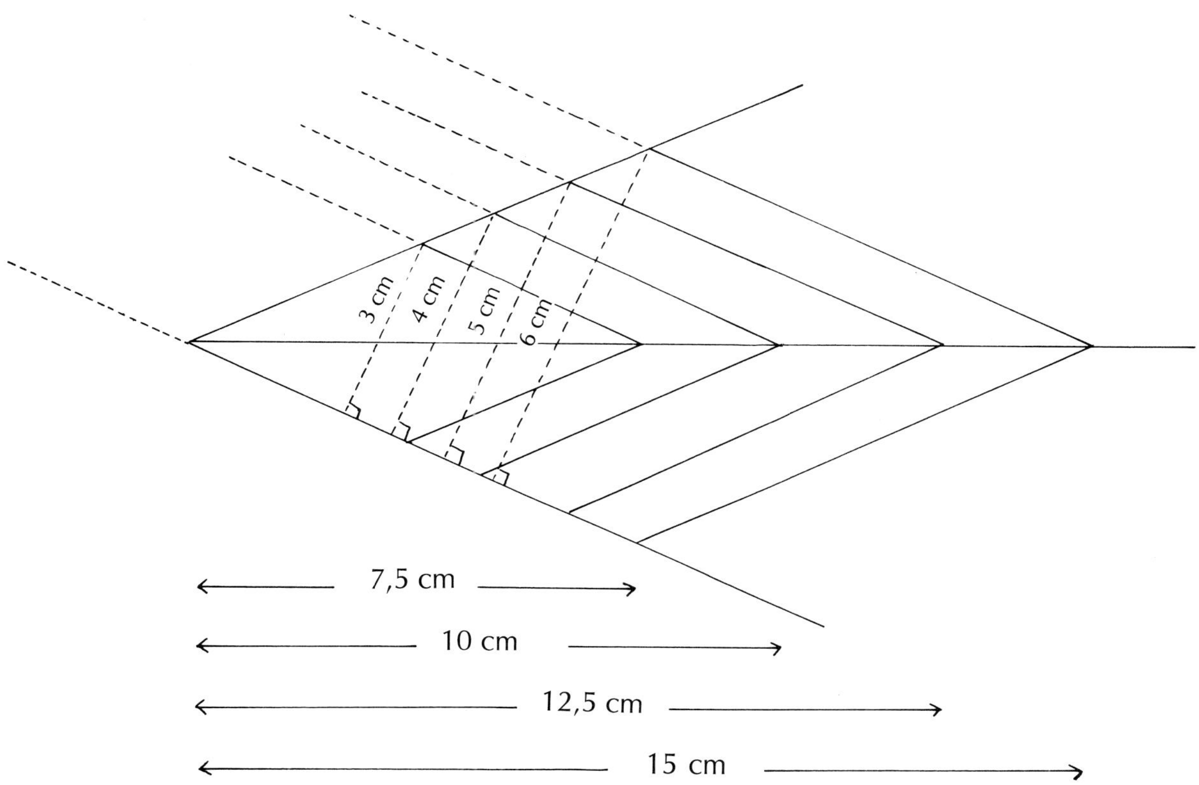

Largeur des bandes	Longueur des losanges
3 cm + 0,5 cm x 2	7,5 cm
4 cm + 1 cm	10 cm
5 cm + 1 cm	12,5 cm
6 cm + 1 cm	15 cm

Réalisation

Panneau mural ou nappe

A réaliser avec 5 tissus différents en suivant ce schéma et les instructions des pages précédentes.

FINITIONS

Tout au long de ce livre, vous vous êtes concentrée sur votre ouvrage, dépendant entièrement de votre machine... Vous allez maintenant pouvoir apprécier la « thérapeutique » reposante du matelassage à la main.

Nous avons remarqué que le matelassage à la machine, sauf si vous utilisez une grosse épaisseur de molleton, donne un aspect assez plat.
Nous le recommandons donc seulement pour les ouvrages contemporains, dans lesquels l'effet de relief est obtenu par la couleur et le dessin, ou pour les petits ouvrages destinés à être lavés souvent.

Quilter

Quilter, c'est matelasser, coudre ensemble 3 épaisseurs en utilisant un dessin, qui sera un élément décoratif supplémentaire.

Préparation du quilt

Dessus : C'est le top que vous avez réalisé en patchwork, soigneusement repassé.

Molleton : On utilise maintenant du molleton en polyester léger et lavable. Vous pouvez le dédoubler si vous le trouvez trop épais. Le molleton de coton nécessite un matelassage plus serré, sinon vous risquez des problèmes au moment du lavage.
Vous le choisirez donc vous-même en fonction de l'effet que vous voulez obtenir, ou de l'usage auquel vous destinez votre quilt.

Doublure : Si vous choisissez un motif de matelassage très élaboré, prenez un tissu uni, vous aurez un véritable chef-d'œuvre sur l'envers. Par contre si vous êtes débutante, prenez un tissu imprimé, vos points qui au début ne sont pas réguliers, se verront moins sur l'envers.

Scotchez sur une table ou un carrelage, ou épinglez avec de grosses épingles sur votre moquette :

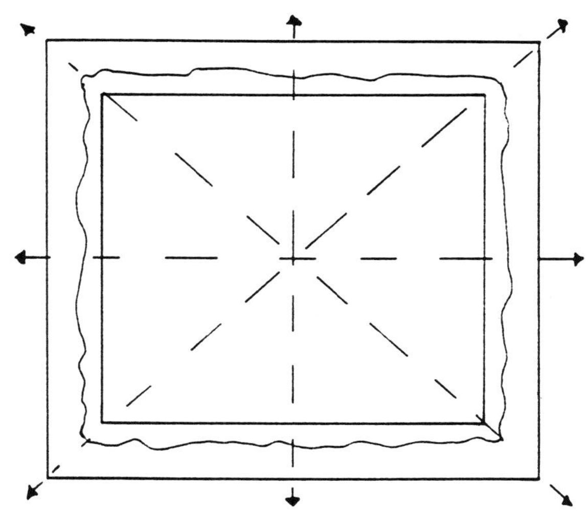

La doublure, envers vers vous. Elle doit dépasser de quelques cm du dessus du quilt,
le molleton,
le dessus du quilt.

Bâtir les trois épaisseurs, en commençant toujours par le milieu. Si le quilt est grand, bâtir aussi suivant des lignes parallèles tous les 10 à 15 cm.

Reproduction des dessins de matelassage

Faire des gabarits et les reproduire en utilisant soit un crayon spécial qui s'efface au bout de quelques heures, soit un crayon à la mine très fine.

Matelassage

Placez votre ouvrage dans un cercle à quilter. Prenez une aiguille très fine. Ne faites pas de longues aiguillées, le fil a tendance à s'emmêler.

Si vous matelassez de façon géométrique, lignes parallèles ou quadrillage, vous pouvez utiliser du ruban adhésif pour délimiter vos lignes.

Le point de matelassage est un simple point avant, petit et régulier. Les points à l'envers doivent être aussi réguliers qu'à l'endroit.

Faire un tout petit nœud, puis d'un coup sec le faire rentrer entre les trois épaisseurs.

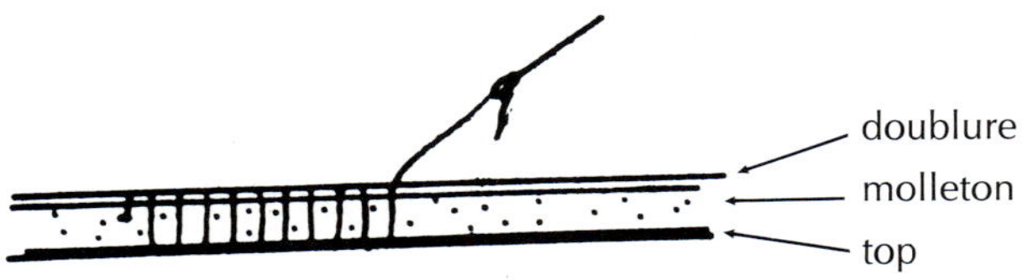

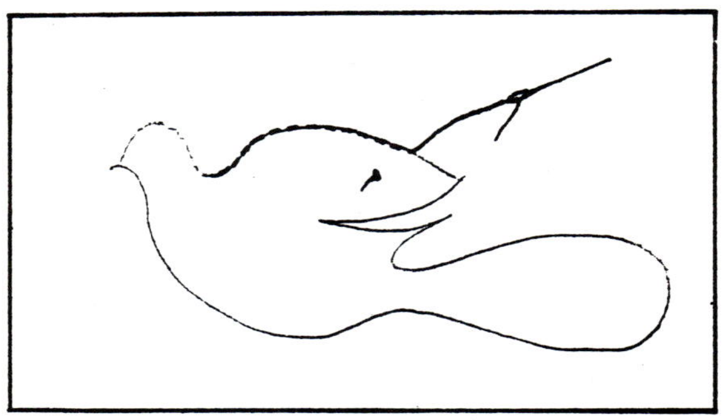

Même chose pour finir l'aiguillée : faire un nœud le plus près possible du tissu et rentrer le nœud dans le tissu en tirant.

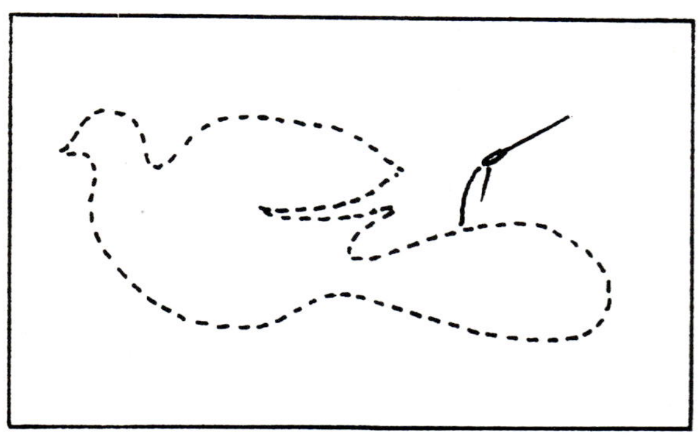

On ne doit voir de nœud ni sur l'envers ni sur l'endroit

Table des réalisations

Les fils à coudre synthétiques DMC pour tout coudre main ou machine.
Des métrages pour chaque usage : 100 m, 500 m, 1 000 m.
244 coloris dont les couleurs de la mode.

DMC®

Gamme de tissus, d'accessoires et de fils à quilter distribués dans les magasins *Imagine*.

Bibliographie

BURNS Eleanor - *Quilt in a day. Log cabin patterns,* 1979.
Lovers knot, San Marcos, Californie, 1985.

HORTON Roberta - *An Amish adventure,* C. and T. Publishers, Lafayette, Californie, 1983.

McCLUN Diana et NOURNE Laura - *Quilts ! Quilts ! Quilts !,* Quilt Digest Press, San Francisco, 1988.

WOOD Kaye - *Complete Patchwork Quilting Course,* Greenville, Ohio, 1983.

Crédits photos

Auteurs, pp. 10, 15, 53, 55, 61, 112, 120 ; Christian de Brosses, pp. 17, 18, 20, 22, 24, 26, 31, 33, 35, 37, 39, 41, 42, 44, 45, 47, 50, 51, 56, 60, 63, 64, 65, 66, 69, 75, 79, 81, 82, 85, 86, 91, 98, 101, 103, 105, 107, 109, 110, 117, 118 ; Frédéric Delbord, couverture, pp. 59, 73, 74.